우리들의

내신기출 문제집

고등수학

하

Structure & Feature 구성과 특징

기출문제 분석
3STEP

STEP

STEP 1
핵심 개념과 문제로 **개념 정리하기**

- 시험에 꼭 나오는 교과서의 핵심 개념만을 수록하였습니다.

- 문제로 개념 확인하기 코너를 두어 기본 문제로 개념을 확인하고
  익힐 수 있도록 하였으며, 개념을 링크했습니다.

STEP 2
내신등급 쑥쑥 올리기

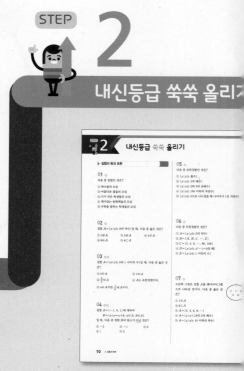

- 교과서핵심 유형 문제 및
  에 따라 수록하였습니다.

- 시험에서 출제 비중이 있는
  문제를 완벽하게 대비할

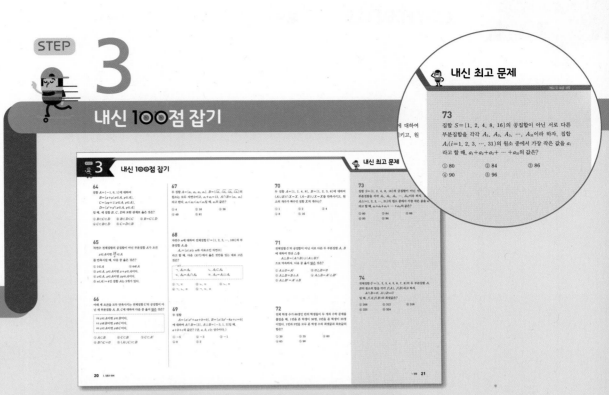

- 개념 통합형 문제와 사고력을 요하는 문제를 수록하였습니다.
- 내신 최고 문제 코너를 두어 내신에서 변별력을 요하는 문제, 즉 고난도 문제, 창의사고력을 요하는 최고 수준의 문제를 제시하여 100점을 맞을 수 있도록 구성하였습니다.

정답 및 해설

- 쉽고 자세한 풀이 과정과 답을 제시하여 자율 학습이 가능하도록 하였습니다.
- 다른 풀이와 참고 내용을 제시하여 사고의 다양화 및 창의적 문제 해결에도 도움이 되도록 하였습니다.

contents 차례

정답 및 해설

I

집합과 명제

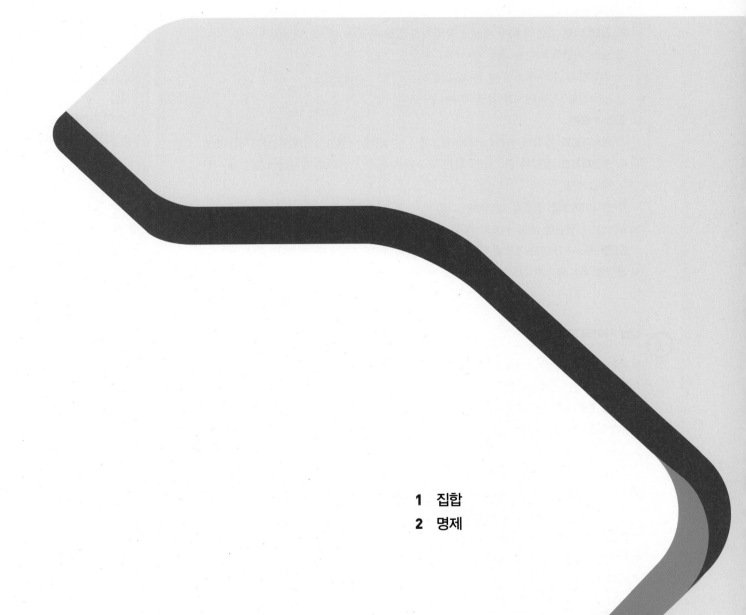

개념 정리하기

① 집합의 뜻과 표현

(1) 집합과 원소

① **집합**: 어떤 기준에 따라 대상을 분명하게 정할 수 있을 때, 그 대상들의 모임

② **원소**: 집합을 이루는 대상 하나하나

a가 집합 A의 원소일 때 ➡ $a \in A$

a가 집합 A의 원소가 아닐 때 ➡ $a \notin A$

(2) 집합의 표현

① **원소나열법**: 집합에 속하는 모든 원소를 { } 안에 나열하여 집합을 나타내는 방법

② **조건제시법**: 집합의 원소들이 갖는 공통된 성질을 조건으로 제시하여 집합을 나타내는 방법

③ **벤다이어그램**: 집합을 나타내는 그림

(3) $n(A)$: 유한집합 A의 원소의 개수

참고 원소가 유한개인 집합을 유한집합, 원소가 무수히 많은 집합을 무한집합이라 한다.

(4) 공집합($\varnothing$): 원소가 하나도 없는 집합 ➡ $n(\varnothing) = 0$

② 집합 사이의 포함 관계

(1) 부분집합: 두 집합 A, B에 대하여 A의 모든 원소가 B에 속할 때, A를 B의 부분집합이라고 한다. ➡ $A \subset B$

참고 집합 A가 집합 B의 부분집합이 아닐 때는 기호 $A \not\subset B$로 나타낸다.

(2) 부분집합의 성질: 세 집합 A, B, C에 대하여

① $A \subset A$, $\varnothing \subset A$

② $A \subset B$이고 $B \subset C$이면 $A \subset C$

(3) 서로 같은 집합: 두 집합 A, B에 대하여 $A \subset B$이고 $B \subset A$일 때, A와 B는 서로 같다고 하며, 기호 $A = B$로 나타낸다.

참고 서로 같은 두 집합의 원소는 같다.

(4) 진부분집합: 두 집합 A, B에 대하여 $A \subset B$이고 $A \neq B$일 때, A를 B의 진부분집합이라고 한다.

③ 부분집합의 개수

집합 $A = \{a_1, a_2, a_3, \cdots, a_n\}$에 대하여

(1) 집합 A의 부분집합의 개수: 2^n

(2) 집합 A의 진부분집합의 개수: $2^n - 1$ ⬅ 집합 A의 부분집합에서 자기 자신은 제외한다.

참고 특정한 원소를 갖거나 갖지 않는 부분집합의 개수

집합 $A = \{a_1, a_2, a_3, \cdots, a_n\}$에 대하여

(1) 특정한 원소 k개를 원소로 갖는(또는 갖지 않는) 집합 A의 부분집합의 개수 ➡ 2^{n-k} (단, $k < n$)

(2) 특정한 원소 k개를 원소로 갖고, 특정한 원소 m개를 원소로 갖지 않는 집합 A의 부분집합의 개수

➡ 2^{n-k-m} (단, $k + m < n$)

---

01 개념—①

다음 중 집합인 것은 ○표를, 집합이 아닌 것은 ×표를 ( ) 안에 써넣으시오.

(1) 키가 큰 학생들의 모임 ( )

(2) 우리 반에서 안경을 낀 학생들의 모임 ( )

(3) 100에 가까운 수들의 모임 ( )

(4) 농구를 잘하는 학생들의 모임 ( )

02 개념—①

10 이하의 짝수의 집합을 A라고 할 때, 집합 A를 다음 방법으로 나타내시오.

(1) 원소나열법

(2) 조건제시법

03 개념—②

다음 두 집합 A, B 사이의 포함 관계를 기호 $\subset$, $\not\subset$, $=$를 사용하여 나타내시오.

(1) $A = \{x \mid x$는 3의 배수$\}$,
$B = \{x \mid x$는 6의 배수$\}$

(2) $A = \{-1, 1\}$, $B = \{x \mid x^2 = 1\}$

04 개념—③

다음 집합의 부분집합의 개수를 구하시오.

(1) $\{0, 2\}$

(2) $\{x \mid x$는 6보다 작은 홀수$\}$

④ 집합의 연산

(1) 전체집합 U의 두 부분집합 A, B에 대하여

① **합집합**: $A \cup B = \{x \mid x \in A$ 또는 $x \in B\}$

② **교집합**: $A \cap B = \{x \mid x \in A$ 그리고 $x \in B\}$

③ **여집합**: $A^C = \{x \mid x \in U$ 그리고 $x \notin A\}$

④ **차집합**: $A - B = \{x \mid x \in A$ 그리고 $x \notin B\}$

(2) **서로소**: $A \cap B = \varnothing$일 때, 즉 집합 A, B의 공통인 원소가 하나도 없을 때, A와 B는 서로소라고 한다.

(3) **집합의 연산에 대한 성질**: 전체집합 U의 두 부분집합 A, B에 대하여

① $A \cup \varnothing = A$, $A \cap \varnothing = \varnothing$ ② $A \cup A = A$, $A \cap A = A$

③ $A \cup U = U$, $A \cap U = A$ ④ $U^C = \varnothing$, $\varnothing^C = U$

⑤ $(A^C)^C = A$ ⑥ $A \cup A^C = U$, $A \cap A^C = \varnothing$

⑦ $A - B = A \cap B^C$

⑧ $A \subset B$이면 $A \cap B = A$, $A \cup B = B$

⑤ 집합의 연산 법칙

(1) 세 집합 A, B, C에 대하여

① **교환법칙**: $A \cup B = B \cup A$, $A \cap B = B \cap A$

② **결합법칙**: $(A \cup B) \cup C = A \cup (B \cup C)$, $(A \cap B) \cap C = A \cap (B \cap C)$

> **참고** 세 집합의 연산에서 결합법칙이 성립하므로 보통 $A \cup B \cup C$, $A \cap B \cap C$로 나타낸다.

③ **분배법칙**: $A \cap (B \cup C) = (A \cap B) \cup (A \cap C)$

             $A \cup (B \cap C) = (A \cup B) \cap (A \cup C)$

(2) **드모르간의 법칙**: 전체집합 U의 두 부분집합 A, B에 대하여

① $(A \cup B)^C = A^C \cap B^C$ ② $(A \cap B)^C = A^C \cup B^C$

⑥ 유한집합의 원소의 개수

(1) **합집합과 교집합의 원소의 개수**: 두 유한집합 A, B에 대하여

① $n(A \cup B) = n(A) + n(B) - n(A \cap B)$

② $A \cap B = \varnothing$이면 $n(A \cup B) = n(A) + n(B)$

> **참고** 세 유한집합 A, B, C에 대하여
> $n(A \cup B \cup C) = n(A) + n(B) + n(C) - n(A \cap B) - n(B \cap C) - n(C \cap A)$
> $+ n(A \cap B \cap C)$

(2) **여집합과 차집합의 원소의 개수**

전체집합 U가 유한집합일 때, 두 부분집합 A, B에 대하여

① $n(A^C) = n(U) - n(A)$

② $n(A - B) = n(A) - n(A \cap B) = n(A \cup B) - n(B)$

---

05 개념 ④

전체집합 $U = \{x \mid x$는 20의 약수$\}$의 세 부분집합 $A = \{2, 5, 10\}$, $B = \{1, 4, 10\}$, $C = \{1, 2, 10, 20\}$에 대하여 다음을 구하시오.

(1) $A \cup B$

(2) $A \cap C$

(3) A^C

(4) $B - C$

06 개념 ⑤

전체집합 $U = \{3, 5, 7, 9, 11, 13\}$의 두 부분집합 $A = \{3, 7, 9, 11\}$, $B = \{3, 5, 11\}$에 대하여 다음을 각각 구하고, 그 결과를 비교하시오.

(1) $A - B$, $A \cap B^C$

(2) $(A \cup B)^C$, $A^C \cap B^C$

(3) $(A \cap B)^C$, $A^C \cup B^C$

07 개념 ⑥

전체집합 U와 그 부분집합 A, B에 대하여

$n(U) = 25$, $n(A) = 11$,
$n(B) = 14$, $n(A \cup B) = 19$

일 때, 다음을 구하시오.

(1) $n(A \cap B)$

(2) $n(A^C)$

(3) $n(A - B)$

내신등급 쑥쑥 올리기

▶ 집합의 뜻과 표현

01 ✪

다음 중 집합인 것은?

① 짝수들의 모임
② 아름다운 꽃들의 모임
③ 키가 작은 학생들의 모임
④ 재미있는 동화책들의 모임
⑤ 수학을 잘하는 학생들의 모임

02 ✪

집합 $A=\{x \mid x$는 8의 약수$\}$일 때, 다음 중 옳은 것은?

① $1 \notin A$ ② $2 \notin A$ ③ $4 \in A$
④ $6 \in A$ ⑤ $8 \subset A$

03 ✪✪

집합 $A=\{x \mid x$는 0과 1 사이의 수$\}$일 때, 다음 중 옳은 것은?

① $0 \in A$ ② $1 \in A$
③ $\dfrac{3}{2} \in A$ ④ A는 유한집합이다.
⑤ $a \in A$이면 $\dfrac{1}{a} \notin A$이다.

04 ✪✪

집합 $A=\{-1,\ 0,\ 1\}$에 대하여
$$B=\{x \mid x=a+b,\ a \in A,\ b \in A\}$$
일 때, 다음 중 집합 B의 원소가 <u>아닌</u> 것은?

① -2 ② -1 ③ 0
④ 1 ⑤ 3

05 ✪

다음 중 유한집합인 것은?

① $\{x \mid x$는 홀수$\}$
② $\{x \mid x$는 3의 배수$\}$
③ $\{x \mid x$는 2와 3의 공배수$\}$
④ $\{x \mid x$는 100 이하의 자연수$\}$
⑤ $\{x \mid x$는 3으로 나누었을 때 나머지가 1인 자연수$\}$

06 ✪

다음 중 무한집합인 것은?

① $A=\{x \mid x$는 5의 약수$\}$
② $B=\{A,\ B,\ C,\ \cdots,\ Z\}$
③ $C=\{2,\ 4,\ 6,\ \cdots,\ 98,\ 100\}$
④ $D=\{x \mid x$는 $x^2-1=0$의 해$\}$
⑤ $E=\{x \mid x$는 1 미만의 수$\}$

07 ✪

오른쪽 그림은 집합 A를 벤다어어그램으로 나타낸 것이다. 다음 중 옳은 것은?

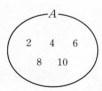

① $1 \in A$
② $6 \subset A$
③ $A=\{2,\ 4,\ 6,\ 8,\ \cdots\}$
④ $A=\{x \mid x<10$인 2의 배수$\}$
⑤ $A=\{x \mid x$는 10 이하의 짝수$\}$

▶ **원소의 개수 $n(A)$**

08 ☆

다음 중 옳은 것은?

① $A=\{2, 3, 5\}$이면 $n(A)=5$
② $n(\{x \mid x$는 4 미만의 자연수$\})=4$
③ $n(\{a, b, c, d\})-n(\{a, b, d\})=c$
④ $n(A)=n(B)$이면 $A=B$
⑤ $n(\{0, 1, 2\})-n(\{1, 2, 3\})=0$

09 ☆☆

각 자리의 숫자의 합이 4보다 작은 두 자리 자연수의 집합을 A라고 할 때, $n(A)$의 값은?

① 4 　　　　② 5 　　　　③ 6
④ 7 　　　　⑤ 8

10 ☆☆ 서술형✏️

[교육청]

집합 $A=\{z \mid z=i^n, n$은 자연수$\}$에 대하여
$$B=\{z_1^2+z_2^2 \mid z_1 \in A, z_2 \in A\}$$
일 때, $n(B)$의 값을 구하시오. (단, $i=\sqrt{-1}$)

▶ **부분집합**

11 ☆

다음 중 집합 $\{2, 4, 6\}$의 진부분집합이 <u>아닌</u> 것은?

① $\varnothing$ 　　　　② $\{2\}$ 　　　　③ $\{2, 4\}$
④ $\{4, 6\}$ 　　　⑤ $\{2, 4, 6\}$

12 ☆

다음 중 두 집합 $A=\{3, 5, 7\}$, $B=\{1, 3, 5, 7, 9\}$ 사이의 포함 관계를 벤다이어그램으로 바르게 나타낸 것은?

13 ☆☆

다음 〈보기〉에서 옳은 것만을 있는 대로 고른 것은?

보기
ㄱ. $0 \subset \{0\}$　　　　　ㄴ. $\{0\} \subset \varnothing$
ㄷ. $0 \in \{0, 1\}$　　　　ㄹ. $\varnothing \subset \{1, 2, 3\}$
ㅁ. $\{a, b\} \not\subset \{a, b\}$　ㅂ. $\{1, 2\} \subset \{1, 2, 3\}$

① ㄷ, ㅁ 　　② ㄹ, ㅂ 　　③ ㄱ, ㄴ, ㄷ
④ ㄷ, ㄹ, ㅂ 　⑤ ㄴ, ㄷ, ㄹ, ㅁ

14 ⭐

다음 두 집합 A, B에 대하여 $A \subset B$인 것은?

① $A = \{0\}$, $B = \{2, 3, 5\}$
② $A = \{1, 2, 3\}$, $B = \{1, 2, 3, 4\}$
③ $A = \{a, b, c, d\}$, $B = \{a, b, c\}$
④ $A = \{x \mid x$는 짝수$\}$, $B = \{x \mid x$는 홀수$\}$
⑤ $A = \{x \mid x$는 자연수$\}$, $B = \{x \mid x$는 2의 배수$\}$

15 ⭐ 　　　　　　　　　　　　　　　 [교육청]

두 집합 A, B에 대하여 $A = \{1, 2, 4\}$이고 $A \subset B$일 때, 다음 중 B가 될 수 있는 집합은?

① $\varnothing$ 　　　② $\{1, 4\}$ 　　　③ $\{1, 2, 4, 6\}$
④ $\{2, 4, 6, 8\}$ 　　　⑤ $\{4, 8, 12, \cdots\}$

16 ⭐⭐

다음 중 옳지 않은 것은?

① $\varnothing$는 $\varnothing$의 부분집합이다.
② A는 A의 부분집합이다.
③ $A \subset B$이면 $n(A) < n(B)$이다.
④ $n(A) = 3$이면 A의 부분집합은 8개이다.
⑤ $A \subset B$이고 $B \subset C$이면 $A \subset C$이다.

17 ⭐⭐

두 집합 A, B에 대하여 $A = B$일 때, 다음 중 옳지 않은 것은?

① $a \in A$이면 $a \in B$이다.
② $b \in B$이면 $b \in A$이다.
③ $n(A) = n(B)$이다.
④ A는 B의 부분집합이다.
⑤ $a \in A$이더라도 $a \notin B$인 원소 a가 있다.

18 ⭐

다음 〈보기〉에서 두 집합 A, B가 서로 같은 것을 모두 고르면?

　보기
ㄱ. $A = \{0\}$, $B = \varnothing$
ㄴ. $A = \{x \mid x$는 4의 약수$\}$, $B = \{1, 2, 4\}$
ㄷ. $A = \{x \mid x$는 1보다 작은 자연수$\}$, $B = \{0\}$
ㄹ. $A = \{x \mid x$는 10보다 작은 소수$\}$, $B = \{2, 3, 5, 7\}$

① ㄱ, ㄴ 　　　② ㄴ, ㄹ 　　　③ ㄷ, ㄹ
④ ㄱ, ㄴ, ㄹ 　　　⑤ ㄴ, ㄷ, ㄹ

19 ⭐

두 집합 $A = \{x \mid x$는 24와 16의 공약수$\}$,
$B = \{x \mid x$는 a의 약수$\}$에 대하여 $A = B$일 때, a의 값은?

① 2 　　　② 4 　　　③ 8
④ 16 　　　⑤ 24

20 ☆☆

두 집합

$$A=\{x\,|\,x^2+x-12=0\},\ B=\{a,\,b\}$$

에 대하여 $A{\subset}B$이고 $B{\subset}A$일 때, a^2+b^2의 값은?

(단, a, b는 실수이다.)

① 9   ② 10   ③ 13

④ 17   ⑤ 25

▶ **부분집합의 개수**

21 ☆

집합 $A=\{x\,|\,x$는 10보다 작은 소수$\}$의 진부분집합의 개수는?

① 3   ② 4   ③ 7

④ 15   ⑤ 16

22 ☆☆ 서술형

집합 $A=\{1,\,2,\,3,\,4,\,5\}$의 부분집합 중에서 적어도 한 개의 짝수를 원소로 갖는 부분집합의 개수를 구하시오.

23 ☆☆

집합 $A=\{2,\,3,\,4,\,5,\,6\}$의 부분집합 중에서 원소의 최솟값이 4인 부분집합의 개수는?

① 2   ② 4   ③ 7

④ 8   ⑤ 16

24 ☆☆   [교육청]

집합 $A=\{a,\,b,\,c,\,d,\,e\}$에 대하여 다음 조건을 모두 만족시키는 집합 X의 개수는?

$$X{\subset}A,\quad n(X)=2,\quad a{\not\in}X$$

① 6   ② 8   ③ 10

④ 16   ⑤ 32

25 ☆☆

$\{1\}{\subset}X{\subset}\{1,\,2,\,3,\,4\}$를 만족시키는 집합 X의 개수는?

① 4   ② 7   ③ 8

④ 15   ⑤ 16

26 ☆☆

집합 $B=\{a,\,b,\,c,\,d,\,e\}$의 부분집합 중 a는 원소로 갖고 b는 원소로 갖지 않는 부분집합의 개수는?

① 2   ② 4   ③ 8

④ 16   ⑤ 32

▶ 집합의 연산

27 ✪

세 집합

$$A=\{3,\ 5,\ 6,\ 7\},\ B=\{2,\ 5,\ 8\},$$
$$C=\{x\,|\,x는\ 6의\ 약수\}$$

에 대하여 다음 중 옳지 <u>않은</u> 것은?

① $A\cap B=\{5\}$

② $A\cap C=\{3,\ 6\}$

③ $B\cup C=\{1,\ 2,\ 3,\ 5,\ 6,\ 8\}$

④ $(A\cup B)\cap C=\{1,\ 2,\ 3,\ 6\}$

⑤ $A\cup B\cup C=\{1,\ 2,\ 3,\ 5,\ 6,\ 7,\ 8\}$

28 ✪

전체집합 $U=\{x\,|\,x는\ 한\ 자리의\ 자연수\}$의 두 부분집합

$$A=\{1,\ 3,\ 5,\ 7\},\ B=\{3,\ 5,\ 7,\ 9\}$$

에 대하여 집합 $A-B^{C}$의 모든 원소의 합은?

① 15   ② 17   ③ 19

④ 21   ⑤ 23

29 ✪✪

실수 전체의 집합의 두 부분집합

$$A=\{x\,|\,1\le x<4\},$$
$$B=\{x\,|\,x\le -1\ 또는\ x>2\}$$

에 대하여 다음 중 옳지 <u>않은</u> 것은?

① $A\cap B=\{x\,|\,2<x<4\}$

② $A^{C}=\{x\,|\,x<1\ 또는\ x\ge 4\}$

③ $B^{C}=\{x\,|\,-1<x\le 2\}$

④ $A-B=\{x\,|\,1\le x<2\}$

⑤ $B-A=\{x\,|\,x\le -1\ 또는\ x\ge 4\}$

30 ✪✪ 서술형✎

전체집합 U의 두 부분집합 A, B가 오른쪽 그림과 같을 때, $(A\cup B)^{C}\cup (A-B^{C})$을 구하시오.

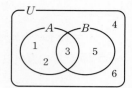

31 ✪✪

전체집합 $U=\{x\,|\,x는\ 10보다\ 작은\ 자연수\}$의 두 부분집합 A, B에 대하여 $(A\cup B)^{C}=\{3,\ 9\}$, $A\cap B=\{5\}$, $A\cap B^{C}=\{2,\ 4,\ 8\}$일 때, 집합 B의 모든 원소의 합은?

① 16   ② 18   ③ 19

④ 20   ⑤ 21

32 ✪✪

다음 중 오른쪽 벤다이어그램의 색칠한 부분이 나타내는 집합은?

(단, U는 전체집합이다.)

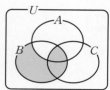

① $(A\cup C)\cap B$ ② $B-(A\cup C)$

③ $B\cap (A-C)$ ④ $B-(A-C)$

⑤ $B-(A\cap C)$

33 ✪✪✪

전체집합 $U=\{x\,|\,x는\ 10\ 이하의\ 홀수\}$의 두 부분집합 A, B가 다음 조건을 모두 만족시킬 때, 집합 $A-B$는?

㉮ $(A\cup B)^{C}=\{7,\ 9\}$

㉯ $A\subset \{x\,|\,x는\ 9의\ 약수\}$

㉰ 집합 B의 모든 원소의 합은 8이다.

① $\{1\}$ ② $\{3\}$ ③ $\{5\}$

④ $\{1,\ 3\}$ ⑤ $\{1,\ 9\}$

▶ 집합의 연산을 이용하여 미지수 구하기

34 ✦✦
두 집합 $A=\{0,\ a^2+1,\ 3\}$, $B=\{1,\ a+1,\ a^2+a+2\}$에 대하여 $A\cap B=\{0,\ 2\}$일 때, 상수 a의 값은?

① -2 ② -1 ③ 0

④ 1 ⑤ 2

35 ✦✦ 서술형✐
두 집합 $A=\{1,\ 2,\ a+2\}$, $B=\{2,\ -a+3,\ a^2-4\}$에 대하여 $A\cup B=\{0,\ 1,\ 2,\ 4\}$일 때, 집합 B의 모든 원소의 합을 구하시오. (단, a는 상수이다.)

36 ✦✦✦
두 집합 $A=\{2,\ 3,\ a-1\}$, $B=\{3,\ -a+2,\ a\}$에 대하여 $(A\cup B)-(A\cap B)=\{0,\ 1\}$일 때, 상수 a의 값은?

① -2 ② -1 ③ 0

④ 1 ⑤ 2

▶ 서로소인 집합

37 ✦
전체집합 U의 공집합이 아닌 두 부분집합 A, B가 서로소일 때, 다음 중 집합 $B\cap(B-A)$와 서로 같은 집합은?

① $\varnothing$ ② A ③ B

④ $A\cap B$ ⑤ U

38 ✦
다음 〈보기〉에서 두 집합 A, B가 서로소인 것끼리 짝지어진 것만을 있는 대로 고른 것은?

┌─ 보기 ─
ㄱ. $A=\{1,\ 2\}$
    $B=\{x\,|\,x$는 $1\le x<3$인 정수$\}$
ㄴ. $A=\{-1,\ 0,\ 1\}$
    $B=\{x\,|\,|x|>1,\ x$는 정수$\}$
ㄷ. $A=\{x\,|\,x$는 10 이하의 소수$\}$
    $B=\{x\,|\,x$는 10 미만의 짝수$\}$

① ㄱ   ② ㄴ   ③ ㄷ

④ ㄱ, ㄴ   ⑤ ㄴ, ㄷ

39 ✦✦
두 집합 $A=\{x\,|\,1<x<3k\}$, $B=\{x\,|\,2k+2<x<7\}$에 대하여 A, B가 서로소일 때, 정수 k의 최댓값은?

① -2 ② -1 ③ 0

④ 1 ⑤ 2

▶ 집합의 연산과 부분집합의 개수

40 ⭐

집합 $A=\{1, 3, 5, 7\}$에 대하여 $\{1\} \cap X \neq \varnothing$을 만족시키는 집합 A의 부분집합 X의 개수는?

① 1   ② 2   ③ 4
④ 8   ⑤ 16

41 ⭐

전체집합 $U=\{1, 2, 3, 4\}$의 두 부분집합 A, B에 대하여 $A=\{1, 3\}$일 때, $A \cap B=\varnothing$을 만족시키는 집합 B의 개수는?

① 1   ② 2   ③ 4
④ 8   ⑤ 16

42 ⭐⭐ 서술형 ✏️

두 집합 $A=\{1, 2, 4, 6, 8, 10\}$, $B=\{2, 6, 10\}$에 대하여 $A \cup X=A$, $(A-B) \cup X=X$를 만족시키는 집합 X의 개수를 구하시오.

43 ⭐⭐   [교육청]

전체집합 $U=\{x \mid x$는 10 이하의 자연수$\}$의 두 부분집합 A, B에 대하여
$$A-B=\{2, 3\}, \quad B-A=\{1, 4\},$$
$$(A \cup B)^c=\{6, 7, 8\}$$
을 만족시키는 집합 A의 부분집합의 개수는?

① 32   ② 24   ③ 16
④ 8   ⑤ 4

44 ⭐⭐⭐

전체집합 $U=\{1, 2, 3, \cdots, 10\}$의 세 부분집합 A, B, C에 대하여 $A=\{2, 3, 5, 7, 9\}$, $B=\{1, 3, 9\}$일 때, $A \cup C=B \cup C$를 만족시키는 집합 C의 개수는?

① 4   ② 8   ③ 16
④ 32   ⑤ 64

45 ⭐⭐⭐   [교육청]

전체집합 $U=\{1, 2, 3, 4, 5, 6, 7, 8\}$의 두 부분집합 $A=\{1, 2\}$, $B=\{3, 5, 8\}$에 대하여 $X \cup A=X-B$를 만족시키는 집합 U의 부분집합 X의 개수는?

① 2   ② 4   ③ 8
④ 16   ⑤ 32

▶ 집합의 연산법칙

46 ⭐

세 집합 A, B, C에 대하여
$$A \cup B=\{1, 2, 3\}, \quad A \cup C=\{1, 3, 5, 7\}$$
일 때, 집합 $A \cup (B \cap C)$의 모든 원소의 합은?

① 3   ② 4   ③ 5
④ 6   ⑤ 7

47 ✪✪

전체집합 U의 공집합이 아닌 서로 다른 두 부분집합 A, B에 대하여

$$\{A-(B-A^c)^c\}\cup(A-B)$$

를 간단히 하면?

① A^c ② A ③ U
④ B^c ⑤ B

48 ✪✪

다음은 전체집합 U의 공집합이 아닌 서로 다른 두 부분집합 A, B에 대하여

$$(A^c\cap B)\cup(A\cup B)^c=A^c$$

임을 보이는 과정이다.

> 증명
>
> $(A^c\cap B)\cup(A\cup B)^c$
> $=(A^c\cap B)\cup(A^c\cap B^c)$ ── (가), (나)
> $=A^c\cap(B\cup B^c)$
> $=A^c\cap$ (다) $=A^c$

위의 (가), (나), (다)에 알맞은 연산법칙이나 집합을 차례로 나열한 것은?

	(가)	(나)	(다)
①	분배법칙	드모르간의 법칙	$\varnothing$
②	분배법칙	드모르간의 법칙	U
③	드모르간의 법칙	결합법칙	$\varnothing$
④	드모르간의 법칙	분배법칙	U
⑤	드모르간의 법칙	분배법칙	$\varnothing$

49 ✪✪

전체집합 U의 공집합이 아닌 서로 다른 세 부분집합 A, B, C에 대하여 다음 중 등식이 성립하지 않는 것은?

① $A^c-B=(A\cup B)^c$
② $A\cup(A^c\cap B)=A\cap B$
③ $(A-B)\cup(B-A^c)=A$
④ $(A\cup B)\cap(A^c\cap B^c)=\varnothing$
⑤ $(A-B)\cap(A-C)=A-(B\cup C)$

50 ✪✪

전체집합 U의 공집합이 아닌 두 부분집합 A, B에 대하여 $A^c-B^c=\varnothing$일 때, 다음 〈보기〉에서 항상 옳은 것만을 있는 대로 고른 것은?

> 보기
>
> ㄱ. $A-B=\varnothing$ ㄴ. $A\cap B=B$
> ㄷ. $A\cup B^c=U$ ㄹ. $A\subset B^c$

① ㄱ ② ㄴ, ㄷ ③ ㄷ, ㄹ
④ ㄱ, ㄷ, ㄹ ⑤ ㄴ, ㄷ, ㄹ

51 ✪✪

전체집합 U의 공집합이 아닌 서로 다른 두 부분집합 A, B에 대하여

$$\{(A\cap B)\cup(A-B)\}\cap B=B$$

가 성립할 때, 다음 중 항상 옳은 것은?

① $A\cap B=A$ ② $B-A=\varnothing$
③ $A\cup B^c=A$ ④ $A\cup B=B$
⑤ $U-B=A$

52 ⭐⭐ 서술형 ✏

전체집합 $U=\{1, 2, 3, \cdots, 10\}$의 두 부분집합
$A=\{2, 3, 5, 7\}$, $B=\{1, 4, 7\}$에 대하여
집합 $(A-B)\cup(A^c\cap B^c)$의 원소의 개수를 구하시오.

53 ⭐⭐

전체집합 U의 공집합이 아닌 서로 다른 세 부분집합 A,
B, C에 대하여
$$(A-B)\cup(B-C)\cup(C-A)=\varnothing$$
일 때, 집합 $B\cup(C\cap A^c)$을 간단히 하면?

① $\varnothing$ ② A^c ③ B
④ $B-C$ ⑤ U

54 ⭐⭐⭐

전체집합 U의 공집합이 아닌 서로 다른 두 부분집합 A, B
에 대하여 $\{(A-B^c)\cup(A^c\cup B)^c\}\cup B=B$가 성립할
때, 다음 중 A, B 사이의 관계를 벤다이어그램으로 바르게
나타낸 것은?

① 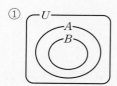   ②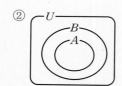

③ 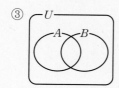   ④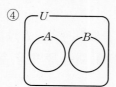

⑤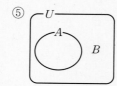

▶ **여러 가지 집합의 연산**

55 ⭐

자연수 n의 양의 배수의 집합을 A_n이라 할 때, 다음 중
$(A_8\cup A_{16})\cap(A_{12}\cup A_{36})$과 같은 집합은?

① A_8 ② A_{12} ③ A_{16}
④ A_{24} ⑤ A_{36}

56 ⭐⭐

전체집합 U의 두 부분집합 A, B에 대하여 연산 $\triangle$을
$$A\triangle B=(A-B)\cup(B-A)$$
로 약속하자. $A\triangle B=\{1, 2, 3, 5, 6, 9\}$, $B=\{3, 4, 5, 7, 9\}$
일 때, 집합 A의 모든 원소의 합은?

① 12   ② 14   ③ 16
④ 18   ⑤ 20

57 ⭐⭐⭐

전체집합 U의 공집합이 아닌 서로 다른 두 부분집합 A, B
에 대하여 연산 ∗를
$$A*B=(A\cup B)^c\cup(A\cap B)$$
로 약속할 때, 다음 중 옳지 <u>않은</u> 것은?

① $A*\varnothing=\varnothing$ ② $A*U=A$
③ $A*A^c=\varnothing$ ④ $A*B=B*A$
⑤ $A*B^c=A^c*B$

▶ 유한집합의 원소의 개수

58 ★★

전체집합 U의 두 부분집합 A, B에 대하여
$$n(U)=50, \ n(A \cap B)=13, \ n(A^c \cap B^c)=12$$
일 때, $n(A)+n(B)$의 값은?

① 45　　　　② 47　　　　③ 49

④ 51　　　　⑤ 53

59 ★★

전체집합 U의 두 부분집합 A, B에 대하여
$$n(U)=20, \ n(B)=5, \ n(A^c \cap B^c)=6$$
일 때, $n(A-B)$의 값은?

① 3　　　　② 5　　　　③ 7

④ 9　　　　⑤ 11

60 ★★

전체집합 U의 두 부분집합 A, B에 대하여
$$n(U)=30, \ n(A)=18, \ n(B)=15$$
이다. $n(A \cup B)$의 최댓값을 M, 최솟값을 m이라고 할 때, $M-m$의 값은?

① 8　　　　② 9　　　　③ 10

④ 11　　　　⑤ 12

61 ★★

전체 학생 수가 30명인 반에서 초코우유를 좋아하는 학생이 10명, 초코우유와 딸기우유를 모두 좋아하는 학생이 5명, 초코우유와 딸기우유를 모두 싫어하는 학생은 8명이다. 이때 딸기우유만을 좋아하는 학생 수는?

① 4　　　　② 6　　　　③ 8

④ 10　　　　⑤ 12

62 ★★ 서술형 ✏

100명의 학생을 대상으로 A, B 두 사이트의 회원 가입 현황을 조사하였더니 A 사이트에 가입한 학생이 43명, B 사이트에 가입한 학생이 54명, A, B 두 사이트 모두 가입한 학생이 13명이다. 이때 A, B 사이트 모두 가입하지 않은 학생 수를 구하시오.

63 ★★★

동아리 회원 40명 중에서 기타, 드럼, 키보드를 연주할 수 있는 회원이 각각 21명, 18명, 25명이다. 두 악기만 연주할 수 있는 회원이 12명일 때, 세 악기 모두 연주할 수 있는 회원 수는? (단, 모든 회원은 세 악기 중 적어도 한 악기는 연주할 수 있다.)

① 6　　　　② 7　　　　③ 9

④ 10　　　　⑤ 12

64

집합 $A=\{-1,\ 0,\ 1\}$에 대하여
$$B=\{x+y\,|\,x\in A,\ y\in A\},$$
$$C=\{xy+1\,|\,x\in A,\ y\in A\},$$
$$D=\{x^2+y^2\,|\,x\in A,\ y\in A\}$$
일 때, 세 집합 B, C, D의 포함 관계로 옳은 것은?

① $B\subset C\subset D$ ② $B\subset D\subset C$ ③ $B=C\subset D$
④ $C\subset B\subset D$ ⑤ $C=D\subset B$

65

자연수 전체집합의 공집합이 아닌 부분집합 A가 조건
$$x\in A$$이면 $\dfrac{18}{x}\in A$
를 만족시킬 때, 다음 중 옳은 것은?

① $1\in A$ ② $6\notin A$
③ $x\in A$, $y\in A$이면 $x+y\in A$이다.
④ $x\in A$, $y\in A$이면 $xy\in A$이다.
⑤ $n(A)=4$인 집합 A는 3개가 있다.

66

아래 세 조건을 모두 만족시키는 전체집합 U의 공집합이 아닌 세 부분집합 A, B, C에 대하여 다음 중 옳지 않은 것은?

(가) $x\in A$이면 $x\in B$이다.
(나) $x\notin B$이면 $x\notin C$이다.
(다) $x\in A$이면 $x\notin C$이다.

① $A\subset B$ ② $C\subset B$ ③ $C\subset A^c$
④ $B\cap C=\varnothing$ ⑤ $(A\cup C)\subset B$

67

두 집합 $A=\{a_1,\ a_2,\ a_3,\ a_4\}$, $B=\{\sqrt{a_1},\ \sqrt{a_2},\ \sqrt{a_3},\ \sqrt{a_4}\}$의 원소는 모두 자연수이고, $a_1+a_2=13$, $A\cap B=\{a_1,\ a_2\}$라고 한다. $a_1<a_2<a_3<a_4$일 때, a_4의 값은?

① 4 ② 16 ③ 36
④ 49 ⑤ 81

68

자연수 n에 대하여 전체집합 $U=\{1,\ 2,\ 3,\ \cdots,\ 100\}$의 부분집합 A_n을
$$A_n=\{x\,|\,x$$는 n과 서로소인 자연수$\}$
라고 할 때, 다음 〈보기〉에서 옳은 것만을 있는 대로 고른 것은?

보기
ㄱ. $A_2=A_8$ ㄴ. $A_2\subset A_6$
ㄷ. $A_6=A_3\cap A_8$ ㄹ. $A_{12}=A_3\cup A_4$

① ㄱ, ㄷ ② ㄴ, ㄷ ③ ㄴ, ㄹ
④ ㄱ, ㄴ, ㄹ ⑤ ㄱ, ㄷ, ㄹ

69

두 집합
$$A=\{x\,|\,x^2+ax+b=0\},\ B=\{x\,|\,2x^2-8x+c=0\}$$
에 대하여 $A\cap B=\{3\}$, $A\cup B=\{-3,\ 1,\ 3\}$일 때, $a+b+c$의 값은? (단, a, b, c는 상수이다.)

① -5 ② -3 ③ -1
④ 0 ⑤ 2

70

두 집합 $A=\{1, 2, 4, 8\}$, $B=\{1, 2, 3, 6\}$에 대하여 $(A\cup B)\cap X=X$, $(A-B)\cup X=X$를 만족시키고, 원소의 개수가 짝수인 집합 X의 개수는?

① 1   ② 2   ③ 4

④ 8   ⑤ 16

71

전체집합 U의 공집합이 아닌 서로 다른 두 부분집합 A, B에 대하여 연산 △를
$$A\triangle B=(A\cap B)\cup(A\cup B)^C$$
으로 약속하자. 다음 중 옳지 <u>않은</u> 것은?

① $A\triangle\varnothing=A^C$ ② $\varnothing\triangle B=\varnothing$

③ $A\triangle B=B\triangle A$ ④ $A\triangle B=A^C\triangle B^C$

⑤ $A\triangle B^C=A^C\triangle B$

72

전체 학생 수가 60명인 반의 학생들이 두 개의 수학 문제를 풀었을 때, 1번을 푼 학생이 30명, 2번을 푼 학생이 35명이었다. 1번과 2번을 모두 푼 학생 수의 최댓값과 최솟값의 합은?

① 30   ② 35   ③ 60

④ 65   ⑤ 90

73

집합 $S=\{1, 2, 4, 8, 16\}$의 공집합이 아닌 서로 다른 부분집합을 각각 A_1, A_2, A_3, $\cdots$, A_{31}이라 하자. 집합 $A_i(i=1, 2, 3, \cdots, 31)$의 원소 중에서 가장 작은 값을 a_i라고 할 때, $a_1+a_2+a_3+\cdots+a_{31}$의 값은?

① 80   ② 84   ③ 86

④ 90   ⑤ 96

74

전체집합 $U=\{1, 2, 3, 4, 5, 6, 7, 8\}$의 두 부분집합 A, B의 원소의 합을 각각 $f(A)$, $f(B)$라고 하자.
$$A\cap B=\varnothing, A\cup B=U$$
일 때, $f(A)f(B)$의 최댓값은?

① 206   ② 312   ③ 316

④ 320   ⑤ 324

개념 정리하기

① 명제와 그 부정

(1) **명제:** 참 또는 거짓을 명확하게 판별할 수 있는 문장이나 식

(2) **명제 p의 부정:** 명제 p에 대하여 'p가 아니다.'를 명제 p의 부정이라 하며, 기호 $\sim p$로 나타낸다.

　① 명제 p가 참이면 $\sim p$는 거짓이고, p가 거짓이면 $\sim p$는 참이다.

　② $\sim p$의 부정 $\sim(\sim p)$는 p이다. 즉, $\sim(\sim p)=p$

② 조건과 진리집합

(1) **조건:** 변수를 포함하는 문장이나 식 중에서 변수의 값에 따라 참, 거짓을 판별할 수 있는 것

(2) **조건 p의 부정:** 조건 p에 대하여 'p가 아니다.'를 조건 p의 부정이라 하며, 기호 $\sim p$로 나타낸다.

(3) **진리집합:** 전체집합 U의 원소 중에서 조건 p를 참이 되게 하는 모든 원소의 집합을 조건 p의 진리집합이라고 한다.

> **알아두기** +1 　　조건 'p 또는 q'와 'p 그리고 q'
>
> 전체집합 U에서의 두 조건 p, q의 진리집합을 각각 P, Q라고 할 때
> ① 조건 'p 또는 q'의 진리집합 ➡ $P \cup Q$
> 　그 부정 '$\sim p$ 그리고 $\sim q$'의 진리집합 ➡ $(P \cup Q)^c = P^c \cap Q^c$
> ② 조건 'p 그리고 q'의 진리집합 ➡ $P \cap Q$
> 　그 부정 '$\sim p$ 또는 $\sim q$'의 진리집합 ➡ $(P \cap Q)^c = P^c \cup Q^c$

③ 명제 $p \longrightarrow q$의 참, 거짓

명제 $p \longrightarrow q$에 대하여 두 조건 p, q의 진리집합을 각각 P, Q라고 할 때

(1) $P \subset Q$이면 명제 $p \longrightarrow q$는 참이고, 명제 $p \longrightarrow q$가 참이면 $P \subset Q$이다.

(2) $P \not\subset Q$이면 명제 $p \longrightarrow q$는 거짓이고, 명제 $p \longrightarrow q$가 거짓이면 $P \not\subset Q$이다.

④ '모든'이나 '어떤'을 포함한 명제

(1) **'모든'이나 '어떤'을 포함한 명제의 참, 거짓**

　전체집합 U에 대하여 조건 p의 진리집합을 P라고 할 때

　① $P=U$이면 '모든 x에 대하여 p이다.'는 참이고,
　　$P \neq U$이면 '모든 x에 대하여 p이다.'는 거짓이다.

　② $P \neq \varnothing$이면 '어떤 x에 대하여 p이다.'는 참이고,
　　$P = \varnothing$이면 '어떤 x에 대하여 p이다.'는 거짓이다.

> **참고** '모든'을 포함한 명제는 전체집합 U의 모든 원소가 조건 p를 만족시킬 때 참이고, '어떤'을 포함한 명제는 전체집합 U의 원소 중 조건 p를 만족시키는 원소가 하나라도 존재할 때 참이다.

(2) **'모든'이나 '어떤'을 포함한 명제의 부정**

　① '모든 x에 대하여 p이다.'의 부정은 '어떤 x에 대하여 $\sim p$이다.'이다.

　② '어떤 x에 대하여 p이다.'의 부정은 '모든 x에 대하여 $\sim p$이다.'이다.

문제로 개념 확인하기

01 개념 — ①

다음 중 명제인 것을 고르고, 참, 거짓을 판별하시오.

(1) 선수네 학교에는 키가 큰 학생이 많다.

(2) 56은 7의 배수이다.

(3) 15의 양의 약수는 5개이다.

(4) $1+x=2x$

02 개념 — ① ②

다음 명제 또는 조건의 부정을 말하시오.

(1) $x<0$ 또는 $x \geq 2$

(2) $a=0$이고 $b=-1$

03 개념 — ②

전체집합 $U=\{x \mid x$는 10 이하의 자연수$\}$에 대하여 다음 조건 p의 진리집합을 구하시오.

(1) $p: 7-x<1$

(2) $p: x$는 소수이다.

04 개념 — ③ ④

다음 명제의 참, 거짓을 판별하시오.

(1) $x^2=1$이면 $x=1$이다.

(2) $x>0$이면 $x>-1$이다.

(3) 모든 실수 x에 대하여 $x^2>0$이다.

(4) 어떤 실수 x에 대하여 $|x| \leq 0$이다.

⑤ 명제의 역과 대우

(1) **명제의 역과 대우**

① 명제 $q \longrightarrow p$를 명제 $p \longrightarrow q$의 역이라고 한다.

② 명제 $\sim q \longrightarrow \sim p$를 명제 $p \longrightarrow q$의 대우라고 한다.

(2) **명제와 그 대우의 참, 거짓**

① 명제 $p \longrightarrow q$가 참이면 그 대우 $\sim q \longrightarrow \sim p$도 참이다.

② 명제 $p \longrightarrow q$가 거짓이면 그 대우 $\sim q \longrightarrow \sim p$도 거짓이다.

> **알아두기** $^{+1}$ **삼단논법**
>
> 세 조건 p, q, r의 진리집합을 각각 P, Q, R라고 할 때, 두 명제 $p \longrightarrow q$, $q \longrightarrow r$가 모두 참이면 $P \subset Q$, $Q \subset R$이므로 $P \subset R$이다. 따라서 명제 $p \longrightarrow r$도 참이다.

⑥ 충분조건, 필요조건, 필요충분조건

(1) **충분조건과 필요조건**: 명제 $p \longrightarrow q$가 참일 때, 기호 $\boldsymbol{p \Longrightarrow q}$로 나타낸다. 이때 p는 q이기 위한 충분조건, q는 p이기 위한 필요조건이라고 한다.

> **참고** 명제 $p \longrightarrow q$가 거짓일 때는 기호 $p \not\Longrightarrow q$로 나타낸다.

(2) **필요충분조건**: 명제 $p \longrightarrow q$에 대하여 $p \Longrightarrow q$, $q \Longrightarrow p$일 때, 기호 $\boldsymbol{p \Longleftrightarrow q}$로 나타내고, p는 q이기 위한 필요충분조건이라고 한다.

> **참고** 두 조건 p, q의 진리집합을 각각 P, Q라고 할 때
> ① $P \subset Q$이면 $p \Longrightarrow q$ ➡ p는 q이기 위한 충분조건, q는 p이기 위한 필요조건
> ② $P = Q$이면 $p \Longleftrightarrow q$ ➡ p는 q이기 위한 필요충분조건

⑦ 명제의 증명

(1) **대우를 이용한 증명**: 명제 $p \longrightarrow q$가 참임을 증명하는 방법으로, 명제의 대우 $\sim q \longrightarrow \sim p$가 참임을 보여 증명하는 방법

(2) **귀류법**: 어떤 명제가 참임을 보일 때, 명제 또는 명제의 결론을 부정한 다음 모순이 생기는 것을 보이는 방법

⑧ 절대부등식

(1) **절대부등식**: 문자를 포함한 부등식에서 그 문자에 어떤 실수를 대입해도 항상 성립하는 부등식

(2) **여러 가지 절대부등식**: a, b, c가 실수일 때

① $a^2 \pm ab + b^2 \geq 0$ (단, 등호는 $a = b = 0$일 때 성립)

② $|a| + |b| \geq |a + b|$, $|a - b| \geq |a| - |b|$

③ $a^2 + b^2 + c^2 - ab - bc - ca \geq 0$ (단, 등호는 $a = b = c$일 때 성립)

④ $a > 0$, $b > 0$, $c > 0$일 때, $a^3 + b^3 + c^3 - 3abc \geq 0$ (단, 등호는 $a = b = c$일 때 성립)

(3) **산술평균과 기하평균의 관계**

$a > 0$, $b > 0$일 때, $\dfrac{a + b}{2} \geq \sqrt{ab}$ (단, 등호는 $a = b$일 때 성립)

문제로 개념 확인하기

05 개념—⑤

두 조건 p, q에 대하여 $p \longrightarrow \sim q$가 참일 때, 다음 중 반드시 참인 명제는?

① $p \longrightarrow q$ ② $q \longrightarrow p$

③ $\sim p \longrightarrow q$ ④ $q \longrightarrow \sim p$

⑤ $\sim q \longrightarrow \sim p$

06 개념—⑤

다음 명제의 역과 대우를 말하고, 그것의 참, 거짓을 판별하시오.

(1) $a^2 + b^2 = 0$이면 $a = 0$이고 $b = 0$이다.

(2) $x + y$가 자연수이면 x와 y는 자연수이다.

07 개념—⑥

두 조건 p, q에 대하여 p는 q이기 위한 어떤 조건인지 말하시오.

(1) p: x는 3의 약수
q: x는 6의 약수

(2) p: $x^2 = x$, q: $x = 0$

08 개념—⑦

다음은 '두 실수 a, b에 대하여 $a + b \geq 0$이면 $a \geq 0$ 또는 $b \geq 0$이다.' 가 참임을 증명하는 과정이다.

> **증명**
>
> 주어진 명제의 대우는 '두 실수 a, b에 대하여 (가) 이면 (나) 이다.'이고, 이는 (다) 이므로 주어진 명제도 참이다.

위의 (가), (나), (다)에 알맞은 것을 써넣으시오.

09 개념—⑧

$x > 0$일 때, 다음 식의 최솟값을 구하시오.

(1) $2x + \dfrac{1}{x}$ (2) $9x + \dfrac{4}{x}$

▶ 명제, 조건, 진리집합

01 ★

다음 〈보기〉에서 명제인 것은 개수는?

보기
ㄱ. $5x-1=6x$
ㄴ. 소수는 모두 홀수이다.
ㄷ. $x+2>x+1$
ㄹ. $\varnothing \subset \{0, 1\}$
ㅁ. 국화보다 장미가 더 예쁘다.

① 1   ② 2   ③ 3
④ 4   ⑤ 5

02 ★

전체집합 $U=\{x \mid x$는 6 이하의 자연수$\}$에 대하여 다음 중 조건 p와 그 진리집합 P가 옳게 짝 지어지지 않은 것은?

① $p: x^2-4x+3=0$ $P=\{1, 3\}$
② $p: x$는 3의 배수이다. $P=\{3, 6\}$
③ $p: x$는 소수이다. $P=\{2, 3, 5\}$
④ $p: x$는 7의 약수이다. $P=\{1, 7\}$
⑤ $p: 4<x<6$ $P=\{5\}$

03 ★★

두 다항식 $f(x)$, $g(x)$에 대하여 두 조건 $p: f(x)=0$, $q: g(x)=0$의 진리집합을 각각 P, Q라고 할 때, 다음 중 조건 $f(x)g(x)=0$의 진리집합을 나타내는 것은?

① $P\cap Q$ ② $P\cup Q$ ③ $P-Q$
④ $(P\cap Q)^C$ ⑤ $(P\cup Q)^C$

▶ 조건의 부정

04 ★ [교육청]

전체집합 $U=\{1, 2, 3, 4, 5, 6, 7, 8\}$에 대하여 조건 p가
$$p: x는 짝수 또는 6의 약수이다.$$
일 때, 조건 $\sim p$의 진리집합의 모든 원소의 합은?

① 11   ② 12   ③ 13
④ 14   ⑤ 15

05 ★★

조건 '자연수 x, y 중 적어도 하나는 홀수이다.'의 부정은?

① 자연수 x, y는 모두 홀수이다.
② 자연수 x, y는 모두 짝수이다.
③ 자연수 x, y 중 적어도 하나는 짝수이다.
④ 자연수 x, y 둘 중 하나는 짝수이다.
⑤ 자연수 x, y 중 적어도 하나는 홀수가 아니다.

06 ★★

$A\neq\varnothing$, $B\neq\varnothing$일 때, 다음 중 조건 '$(A-B)\cup(B-A)=\varnothing$'의 부정과 같은 것은?

① $A=B$ ② $A\neq B$ ③ $A\subset B$
④ $B\subset A$ ⑤ $A\cap B=\varnothing$

07 ☆

두 조건 p, q의 진리집합을 각각 P, Q라고 할 때, 조건 'p 또는 $\sim q$'의 진리집합은?

① $P \cap Q$ ② $Q - P$ ③ $P \cup Q^C$

④ $(P \cap Q)^C$ ⑤ $(P \cup Q)^C$

08 ☆☆

두 조건 $p : -1 \le x \le 5$, $q : -2 < x \le 3$에 대하여 조건 'p 또는 q'의 부정은?

① $-2 < x \le 5$ ② $-1 < x \le 3$

③ $x < -2$ 또는 $x > 5$ ④ $x \le -2$ 또는 $x > 5$

⑤ $x \le -1$ 또는 $x > 3$

09 ☆☆ 서술형✏

전체집합 $U = \{x \mid x$는 16 이하의 자연수$\}$에 대하여 두 조건 p, q를

$\quad p : x$는 소수, $q : x$는 15의 약수

라고 하자. 이때 조건 '$\sim p$이고 q'의 진리집합을 구하시오.

▶ **명제의 참, 거짓**

10 ☆

다음 중 거짓인 명제는?

① 자연수 n에 대하여 n^2이 홀수이면 n도 홀수이다.

② $x - 3 = 0$이면 $x^2 - 9 = 0$이다.

③ 모든 소수는 홀수이다.

④ $x = 1$이면 $x^3 = 1$이다.

⑤ x가 9의 배수이면 x는 3의 배수이다.

11 ☆

다음 〈보기〉에서 참인 명제만을 있는 대로 고른 것은?

보기
┌───
ㄱ. x가 3의 약수이면 x는 9의 약수이다.
ㄴ. 실수 x, y에 대하여 $x > y$이면 $x^2 > y^2$이다.
ㄷ. 실수 x, y에 대하여 $xy = 0$이면 $x^2 + y^2 = 0$이다.
ㄹ. 삼각형 ABC가 이등변삼각형이면 $\angle A = \angle B$이다.
└───

① ㄱ   ② ㄱ, ㄴ   ③ ㄴ, ㄷ

④ ㄷ, ㄹ   ⑤ ㄱ, ㄷ, ㄹ

12 ☆☆

전체집합 U에 대하여 두 조건 p, q의 진리집합을 각각 P, Q라고 할 때, 두 집합 사이의 포함 관계가 오른쪽 그림과 같다. 이때 명제 $p \longrightarrow q$가 거짓임을 보이는 원소는?

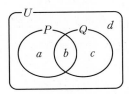

① a ② b ③ c

④ d ⑤ b, c

내신등급 쑥쑥 올리기

13 ✪✪

전체집합 U에 대하여 두 조건 p, q의 진리집합을 각각 P, Q라고 하자. 명제 $p \longrightarrow \sim q$가 참일 때, 다음 중 옳은 것은?

① $P \cap Q = Q$ ② $P^C \cap Q = P$ ③ $P - Q^C = \varnothing$

④ $P \cup Q = U$ ⑤ $P^C \cup Q^C = \varnothing$

14 ✪✪

전체집합 U에 대하여 세 조건 p, q, r의 진리집합을 각각 P, Q, R라고 할 때, 세 집합 사이의 포함 관계가 오른쪽 그림과 같다. 다음 〈보기〉에서 항상 참인 것만을 있는 대로 고른 것은?

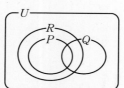

┌─ 보기 ─────────────────────────┐
ㄱ. $q \longrightarrow r$ ㄴ. $p \longrightarrow r$

ㄷ. $\sim r \longrightarrow \sim q$ ㄹ. $p \longrightarrow q$

ㅁ. $r \longrightarrow \sim p$
└────────────────────────────────┘

① ㄱ ② ㄴ ③ ㄷ, ㄹ

④ ㄴ, ㄷ, ㅁ ⑤ ㄱ, ㄷ, ㄹ, ㅁ

15 ✪✪

전체집합 U에 대하여 세 조건 p, q, r의 진리집합을 각각 P, Q, R라고 할 때, 다음 두 조건이 모두 성립한다. 다음 중 항상 참인 명제는?

┌──────────────────────────────────┐
(가) $P \cap Q = Q$ (나) $P \cup R^C = R^C$
└──────────────────────────────────┘

① $p \longrightarrow q$ ② $\sim q \longrightarrow \sim r$ ③ $p \longrightarrow r$

④ $\sim q \longrightarrow r$ ⑤ $r \longrightarrow \sim q$

▶ **명제가 참이 될 조건**

16 ✪

다음 명제가 참이 되도록 하는 상수 a의 값은?

┌──────────────────────────────────┐
$x - 3 = 0$이면 $x^2 + ax + 6 = 0$이다.
└──────────────────────────────────┘

① -3 ② -4 ③ -5

④ -6 ⑤ -7

17 ✪✪ 서술형

두 조건

$p: x \leq 1$ 또는 $x > 3$, $q: a - 1 \leq x \leq 4a - 1$

에 대하여 명제 $\sim p \longrightarrow q$가 참이 되도록 하는 실수 a의 값의 범위를 구하시오.

18 ✪✪✪

세 조건 $p: -4 \leq x \leq 2$ 또는 $x \geq 4$, $q: a \leq x \leq 0$, $r: x \geq b$에 대하여 두 명제 $q \longrightarrow p$, $p \longrightarrow r$가 모두 참이 되도록 하는 실수 a의 최솟값과 실수 b의 최댓값의 곱은?

① -16 ② -8 ③ 0

④ 8 ⑤ 16

19 ★★

다음 〈보기〉의 명제 중에서 참인 것만을 있는 대로 고른 것은?

보기
ㄱ. 모든 실수 x에 대하여 $x^2 > 1$이다.
ㄴ. 어떤 실수 x에 대하여 $x^2 - 1 < 0$이다.
ㄷ. 어떤 실수 x, y에 대하여 $x^2 - y^2 \leq 0$이다.

① ㄱ   ② ㄴ   ③ ㄷ
④ ㄱ, ㄴ   ⑤ ㄴ, ㄷ

20 ★★

전체집합 $U = \{1, 2, 3, 4, 5\}$의 두 원소 x, y에 대하여 다음 중 거짓인 명제는?

① 어떤 x에 대하여 $3 \leq x < 5$이다.
② 어떤 x, y에 대하여 $x + y \leq 4$이다.
③ 어떤 x, y에 대하여 $x^2 - y^2 = 2$이다.
④ 모든 x, y에 대하여 $x^2 + y^2 \leq 50$이다.
⑤ 모든 x, y에 대하여 $-4 \leq x - y \leq 4$이다.

21 ★★ 서술형 ✏

명제 '모든 실수 x에 대하여 $x^2 - 6x + a \geq 0$이다.'가 참이 되도록 하는 실수 a의 최솟값을 구하시오.

▶ 정의, 정리

22 ★

다음 〈보기〉에서 정의인 것만을 있는 대로 고른 것은?

보기
ㄱ. 평각은 180°이다.
ㄴ. 정삼각형의 세 내각의 크기는 같다.
ㄷ. 맞꼭지각은 한 평면에서 두 직선이 만날 때, 마주 보는 각이다.
ㄹ. 대응하는 세 쌍의 변의 길이가 각각 같은 두 삼각형은 합동이다.
ㅁ. 사각형의 네 내각의 크기의 합은 360°이다.

① ㄱ, ㄴ   ② ㄱ, ㄷ   ③ ㄱ, ㄴ, ㄷ
④ ㄴ, ㄷ, ㄹ   ⑤ ㄷ, ㄹ, ㅁ

23 ★

다음 중 정리가 <u>아닌</u> 것은?

① 삼각형의 세 내각의 크기의 합은 180°이다.
② 이등변삼각형은 두 변의 길이가 같은 삼각형이다.
③ 정삼각형은 세 내각의 크기가 모두 같다.
④ 직사각형의 두 대각선의 길이는 같다.
⑤ 평행선이 다른 한 직선과 만날 때 생기는 엇각의 크기는 같다.

내신등급 쑥쑥 올리기

▶ **명제의 역과 대우**

24 ★★

다음 명제 중 명제와 그 역이 모두 참인 것은?

(단, x, y는 실수이다.)

① x가 소수이면 x는 홀수이다.
② $x^2 + x = 0$이면 $x = 0$이다.
③ $x = 0$ 또는 $y = 0$이면 $xy = 0$이다.
④ $x < 0$이고 $y < 0$이면 $x + y < 0$이다.
⑤ $x^2 = 4$이면 $x = 2$이다.

25 ★

두 조건 p, q에 대하여 명제 $\sim p \longrightarrow q$가 참일 때, 다음 중 항상 참인 명제는?

① $p \longrightarrow q$ ② $p \longrightarrow \sim q$ ③ $q \longrightarrow \sim p$
④ $\sim q \longrightarrow p$ ⑤ $\sim q \longrightarrow \sim p$

26 ★

명제 '$2x^2 - ax + 3 \neq 0$이면 $x - 3 \neq 0$이다.'가 참일 때, 실수 a의 값은?

① 3   ② 5   ③ 7
④ 9   ⑤ 11

27 ★★

세 조건 p, q, r에 대하여 명제 $\sim p \longrightarrow q$가 참이고 명제 $\sim r \longrightarrow q$의 역이 참일 때, 다음 명제 중 항상 참인 것은?

① $p \longrightarrow q$ ② $p \longrightarrow r$ ③ $\sim p \longrightarrow \sim q$
④ $r \longrightarrow p$ ⑤ $\sim r \longrightarrow p$

▶ **대우를 이용한 증명법과 귀류법**

28 ★★

다음은 두 자연수 m, n에 대하여 명제

'$m^2 + n^2$이 홀수이면 $m + n$도 홀수이다.'

가 참임을 증명하는 과정이다.

---증명---

주어진 명제의 대우는

'$m + n$이 짝수이면 $m^2 + n^2$도 짝수이다.'

이므로 이것이 참임을 증명하면 된다.

$m + n$이 [⑦]이면 m, n은 모두 짝수이거나 모두 홀수이다.

m, n이 모두 짝수이면 m^2, n^2은 모두 짝수이고, m, n이 모두 홀수이면 m^2, n^2은 모두 [⑭]이다.

그러므로 $m^2 + n^2$은 [⑭]이다.

따라서 주어진 명제의 대우가 참이므로 주어진 명제도 참이다.

위의 과정에서 ⑦, ⑭, ⑭에 알맞은 것을 차례로 나열한 것은?

① 짝수, 짝수, 짝수   ② 짝수, 짝수, 홀수
③ 짝수, 홀수, 짝수   ④ 홀수, 홀수, 짝수
⑤ 홀수, 홀수, 홀수

29 ★★ 서술형

명제 '$\sqrt{2}$는 유리수가 아니다.'가 참임을 증명하시오.

▶ **충분조건, 필요조건, 필요충분조건**

30 ✪

두 조건

$p: ab \neq 15$, $q: a \neq 3$ 또는 $b \neq 5$

에 대하여 다음 중 옳은 것은?

① p는 q이기 위한 충분조건이다.
② p는 q이기 위한 필요조건이다.
③ q는 p이기 위한 필요충분조건이다.
④ $\sim p$는 $\sim q$이기 위한 충분조건이다.
⑤ $\sim p$는 $\sim q$이기 위한 필요충분조건이다.

31 ✪

다음 ☐ 안에 필요, 충분 중에서 알맞은 것을 차례로 나열한 것은? (단, x, y는 실수이다.)

> (가) $x^2 - x - 6 = 0$은 $x = 3$이기 위한 ☐ 조건이다.
> (나) $x + y$가 유리수는 x, y 모두 유리수이기 위한 ☐ 조건이다.
> (다) $x = 0$은 $xy = 0$이기 위한 ☐ 조건이다.

① 충분, 충분, 충분
② 충분, 필요, 충분
③ 충분, 필요, 필요
④ 필요, 충분, 필요
⑤ 필요, 필요, 충분

32 ✪✪

다음 〈보기〉에서 p는 q이기 위한 충분조건이지만 필요조건이 아닌 것만을 있는 대로 고른 것은?

(단, a, b는 실수이고, A, B는 공집합이 아닌 집합이다.)

> ┌ 보기 ┐
> ㄱ. $p: A \subset B$ $q: n(A) \leq n(B)$
> ㄴ. $p: A - B = \varnothing$ $q: A^C \subset B^C$
> ㄷ. $p: a \geq 0$이고 $b \geq 0$ $q: ab = |ab|$

① ㄱ
② ㄴ
③ ㄱ, ㄷ
④ ㄴ, ㄷ
⑤ ㄱ, ㄴ, ㄷ

33 ✪✪

다음 중 p가 q이기 위한 필요충분조건인 것은?

(단, x, y, z는 실수이다.)

① $p: |x| + x = 0$ $q: x < 0$
② $p: x > 0$ 또는 $y > 0$ $q: x + y > 0$
③ $p: y^2 + 4x(x - y) = 0$ $q: y = 2x$
④ $p: |x| + |y| = |x + y|$ $q: xy > 0$
⑤ $p: x^2 + y^2 + z^2 = 0$
     $q: (x - y)^2 + (y - z)^2 + (z - x)^2 = 0$

34 ✪✪

p는 $\sim r$이기 위한 필요조건이고, p는 q이기 위한 충분조건일 때, 다음 명제 중 참인 것은?

① $p \longrightarrow r$
② $\sim q \longrightarrow r$
③ $p \longrightarrow \sim r$
④ $q \longrightarrow r$
⑤ $r \longrightarrow q$

35 ✪✪ 서술형 ✎

실수 x에 대하여 $x^2 + (a - 3)x + 6 \neq 0$이 $x \neq 2$이기 위한 충분조건일 때, 실수 a의 값을 구하시오.

▶ 명제의 추론

36 ⚬⚬

네 조건 p, q, r, s에 대하여

$$p \Longrightarrow q, \ \sim r \Longrightarrow \sim q, \ r \Longrightarrow s$$

일 때, 다음 〈보기〉에서 옳은 것만을 있는 대로 고른 것은?

┌─ 보기 ─────────────────────────┐
ㄱ. $p \Longrightarrow r$ ㄴ. $\sim s \Longrightarrow \sim p$

ㄷ. $\sim q \Longrightarrow \sim s$
└──────────────────────────────┘

① ㄱ   ② ㄴ   ③ ㄷ
④ ㄱ, ㄴ   ⑤ ㄴ, ㄷ

37 ⚬⚬⚬

아래 두 조건이 모두 참이라고 할 때, 다음 중 반드시 참인 것은?

┌──────────────────────────────┐
㈎ 인상이 좋은 사람은 호감을 주는 사람이다.

㈏ 명랑한 사람은 인상이 좋은 사람이다.
└──────────────────────────────┘

① 호감을 주는 사람은 명랑한 사람이다.
② 인상이 좋은 사람은 호감을 주지 못하는 사람이다.
③ 호감을 주지 못하는 사람은 명랑한 사람이 아니다.
④ 명랑하지 않은 사람은 인상이 좋지 않은 사람이다.
⑤ 명랑하지 않은 사람은 호감을 주지 못하는 사람이다.

▶ 절대부등식

38 ⚬

다음 〈보기〉에서 항상 성립하는 부등식을 있는 대로 고른 것은? (단, a, b, c는 실수이다.)

┌─ 보기 ─────────────────────────┐
ㄱ. $a^3 + b^3 + c^3 \geq 3abc$

ㄴ. $(a+b)^2 \geq ab$

ㄷ. $(a+b+c)^2 \geq 3(ab+bc+ca)$
└──────────────────────────────┘

① ㄱ   ② ㄴ   ③ ㄱ, ㄴ
④ ㄴ, ㄷ   ⑤ ㄱ, ㄴ, ㄷ

39 ⚬⚬

다음은 두 실수 a, b에 대하여 부등식

$$|a| + |b| \geq |a+b|$$

임을 증명하는 과정이다.

┌─ 증명 ─────────────────────────┐
$(|a|+|b|)^2 - |a+b|^2$

$= (|a|^2 + 2|a||b| + |b|^2) - (a+b)^2$

$= (a^2 + 2\boxed{㉮} + b^2) - (a^2 + 2ab + b^2)$

$= 2(\boxed{㉮} - ab) \boxed{㉯} 0$

즉, $(|a|+|b|)^2 \boxed{㉯} |a+b|^2$

이때 $|a+b| \geq 0$, $|a|+|b| \geq 0$이므로

$|a| + |b| \geq |a+b|$

(단, 등호는 $\boxed{㉰}$일 때 성립한다.)
└──────────────────────────────┘

위의 과정에서 ㉮, ㉯, ㉰에 알맞은 것을 차례대로 나열한 것은?

① ab, $\leq$, $ab \geq 0$ ② ab, $\geq$, $a=b$

③ $|ab|$, $\geq$, $ab \geq 0$ ④ $|ab|$, $\geq$, $a=b$

⑤ $|ab|$, $\leq$, $a=b$

40 ⭐⭐ 서술형

두 실수 a, b에 대하여 부등식 $a^2+b^2 \geq ab$가 성립함을 증명하시오. 또, 등호가 성립하는 경우를 구하시오.

41 ⭐⭐

모든 실수 x, y에 대하여 부등식
$$x^2+2xy+y^2+2x+2ay+b>0$$
이 성립하기 위한 필요충분조건은? (단, a, b는 실수이다.)

① $a=-1$, $b \geq 1$ ② $a=-1$, $b>1$

③ $a=1$, $b<1$ ④ $a=1$, $b \leq 1$

⑤ $a=1$, $b>1$

42 ⭐⭐

두 양수 a, b에 대하여 $ab=3$일 때, $4a+3b$의 최솟값은?

① 4   ② 6   ③ 8

④ 10   ⑤ 12

43 ⭐⭐

$a>0$, $b>0$일 때, $(a+b)\left(\dfrac{2}{a}+\dfrac{8}{b}\right)$의 최솟값은?

① 4   ② 10   ③ 18

④ 24   ⑤ 36

44 ⭐⭐⭐

$x>2$일 때, $2x-1+\dfrac{2}{x-2}$의 최솟값은?

① 4   ② 5   ③ 6

④ 7   ⑤ 8

45 ⭐⭐⭐

길이가 160 m인 철망으로 오른쪽 그림과 같은 네 개의 직사각형으로 나누어진 직사각형 모양의 울타리를 만들 때, 울타리 안의 넓이의 최댓값은?

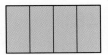

(단, 철망의 두께는 무시한다.)

① $500 \, \text{m}^2$ ② $540 \, \text{m}^2$ ③ $580 \, \text{m}^2$

④ $620 \, \text{m}^2$ ⑤ $640 \, \text{m}^2$

46 ⭐⭐⭐

오른쪽 그림과 같이 반지름의 길이가 6인 원에 내접하는 직사각형의 넓이의 최댓값은?

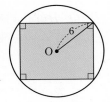

① 68   ② 70

③ 72   ④ 74

⑤ 76

내신 100점 잡기

47

다음 중 임의의 실수 x, y, z에 대하여
$$(x-y)^2+(y-z)^2+(z-x)^2=0$$
의 부정과 서로 같은 것은?

① $x=y=z=0$

② x, y, z는 서로 다르다.

③ $x\neq y$이고 $y\neq z$이고 $z\neq x$

④ $(x-y)(y-z)(z-x)=0$

⑤ x, y, z 중에 서로 다른 것이 적어도 하나 있다.

48

전체집합 U의 공집합이 아닌 세 부분집합 P, Q, R가 각각 세 조건 p, q, r의 진리집합이라고 하자. $P\cap Q=P$, $R^C\cup Q=U$일 때, 참인 명제만을 다음 〈보기〉에서 있는 대로 고른 것은?

┌─ 보기 ─────────────────────────┐
ㄱ. $p \longrightarrow q$ ㄴ. $r \longrightarrow q$ ㄷ. $p \longrightarrow {\sim}r$
└────────────────────────────────┘

① ㄱ   ② ㄷ   ③ ㄱ, ㄴ

④ ㄴ, ㄷ   ⑤ ㄱ, ㄴ, ㄷ

49

전체집합 U에 대하여 세 조건 p, q, r의 진리집합을 각각 P, Q, R라고 하자. 명제 $p \longrightarrow q$, $r \longrightarrow {\sim}q$가 참일 때, 다음 〈보기〉에서 항상 옳은 것만을 있는 대로 고른 것은?

┌─ 보기 ─────────────────────────┐
ㄱ. $R\subset P^C$ ㄴ. $Q\subset(R-P)$
ㄷ. $(P-Q)\subset R$
└────────────────────────────────┘

① ㄱ   ② ㄷ   ③ ㄱ, ㄷ

④ ㄴ, ㄷ   ⑤ ㄱ, ㄴ, ㄷ

50

q가 ${\sim}p$이기 위한 충분조건이고, 두 조건 p, q의 진리집합을 각각 P, Q라고 할 때, 다음 중 옳지 <u>않은</u> 것은?

① $P\cup Q^C=Q^C$ ② $P\cap Q^C=P$

③ $P-Q^C=\varnothing$ ④ $P\cup(P-Q)=\varnothing$

⑤ $P\cap(Q^C-P)=\varnothing$

51 서술형✍

세 조건 p, q, r에 대하여 p이고 q는 r이기 위한 충분조건이고, p 또는 q는 r이기 위한 필요조건이다. 두 조건 p, q의 진리집합이 각각
$$P=\{1,\ 3,\ 5,\ 7\},\ Q=\{2,\ 3,\ 5,\ 6\}$$
일 때, 조건 r의 진리집합의 개수를 구하시오.

52

세 조건
$$p: x\geq a,\ q: b\leq x\leq 4,\ r: -1\leq x<5$$
에 대하여 p가 r이기 위한 필요조건이고, q가 r이기 위한 충분조건일 때, a의 최댓값과 b의 최솟값의 합은?

① -8 ② -6 ③ -4

④ -2 ⑤ 0

53

다음은 진수, 서은, 명호, 재열이 같은 반 학생인 A, B, C, D, E가 올해 읽은 책의 권 수를 조사하여 순위를 나타낸 것이다.

진수 : 1등 B, 3등 D	서은 : 1등 A, 4등 C
명호 : 5등 E, 2등 A	재열 : 2등 D, 3등 C

네 명의 학생 모두 2개 중 하나씩만 맞혔다고 할 때, 책을 많이 읽은 학생부터 차례로 나열한 것은?

① B, C, A, D, E
② B, D, A, C, E
③ B, D, C, A, E
④ C, E, A, D, B
⑤ E, A, D, C, B

54 서술형

두 실수 x, y에 대하여 부등식

$$|x| - |y| \leq |x - y|$$

가 성립함을 증명하시오. 또, 등호가 성립하는 경우를 구하시오.

55 서술형

$x > -1$일 때, $\dfrac{x^2 + 4x + 6}{x + 1}$의 최솟값을 구하시오.

56

다음 두 명제가 모두 참일 때, 실수 a의 값의 범위를 구하시오.

⑴ $x > 0$인 어떤 실수 x에 대하여 $x + a < 0$이다.
⑵ $x < 0$인 모든 실수 x에 대하여 $x - a - 4 \leq 0$이다.

57

오른쪽 그림과 같이 $\overline{BC} = 12$, $\overline{AC} = 5$인 직각삼각형 ABC에 가로와 세로의 길이가 각각 x, y인 직사각형이 내접하고 있다.

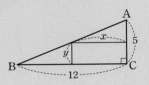

이때 $\dfrac{12}{x} + \dfrac{5}{y}$의 최솟값은?

① 2
② 4
③ 8
④ 16
⑤ 32

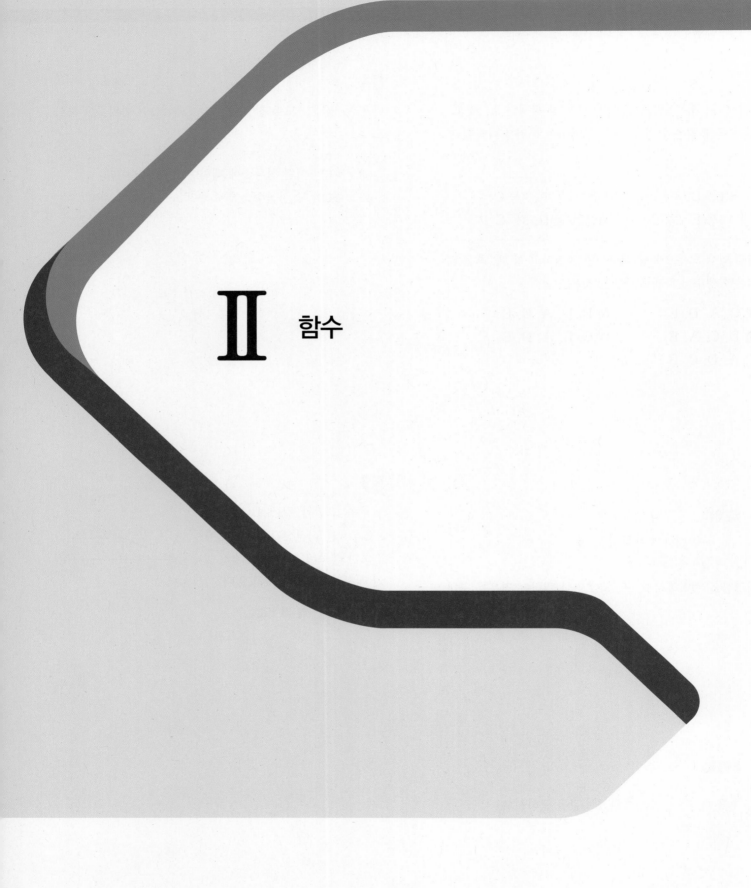

Ⅱ 함수

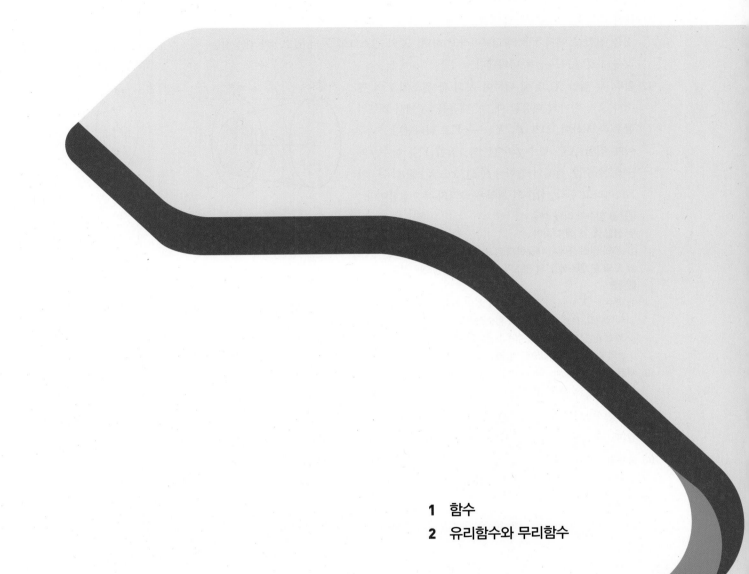

개념 정리하기

① 함수

(1) **대응:** 공집합이 아닌 두 집합 X, Y에 대하여 X의 원소에 Y의 원소를 짝 지어 주는 것을 집합 X에서 Y로의 대응이라고 하며, X의 원소 x에 Y의 원소 y가 대응하는 것을 기호 $x \longrightarrow y$로 나타낸다.

(2) **함수:** 두 집합 X, Y에 대하여 X의 각 원소에 Y의 원소가 오직 하나씩 대응할 때, 이 대응을 'X에서 Y로의 함수'라고 하며, 기호 $f : X \longrightarrow Y$로 나타낸다.

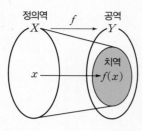

이때 집합 X를 함수 f의 정의역, 집합 Y를 함수 f의 공역, 함숫값 전체의 집합 $\{f(x) | x \in X\}$를 함수 f의 치역이라고 한다. 함수의 치역은 공역의 부분집합이다.

> [참고] 함수가 아닌 경우
> 두 집합 X, Y에 대하여
> ① X의 원소 중에서 대응하지 않고 남아 있는 원소가 있는 경우
> ② X의 한 원소에 Y의 원소가 두 개 이상 대응하는 경우

> [참고]
> ① 함수 $f : X \longrightarrow Y$에서 정의역 X의 원소 x에 공역 Y의 원소 y가 대응할 때, 기호 $y=f(x)$로 나타내고, $f(x)$를 x에서의 **함숫값**이라고 한다.
> ② 함수 $y=f(x)$의 정의역이나 공역이 주어져 있지 않은 경우에 정의역은 함수가 정의되는 실수 x의 값 전체의 집합으로, 공역은 실수 전체의 집합으로 생각한다.

(3) **서로 같은 함수:** 두 함수 f, g에 대하여
 (i) 정의역과 공역이 각각 서로 같고,
 (ii) 정의역의 모든 원소 x에 대하여 $f(x)=g(x)$
 일 때, 두 함수 'f와 g'는 서로 같다고 하며, 기호 $f=g$로 나타낸다.

(4) **함수의 그래프:** 함수 $f : X \longrightarrow Y$에서 정의역 X의 원소 x와 이에 대응하는 함숫값 $f(x)$의 순서쌍 $(x, f(x))$ 전체의 집합 $\{(x, f(x)) | x \in X\}$를 함수 f의 그래프라고 한다.

> [참고] 정의역의 모든 원소 k에 대하여 직선 $x=k$와 그래프가 한 점에서 만나면 함수의 그래프이다.

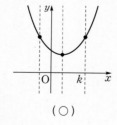 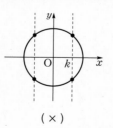

(○)　　　　　　　　　(×)

② 여러 가지 함수

(1) **일대일함수:** 함수 $f : X \longrightarrow Y$에서 정의역 X의 임의의 두 원소 x_1, x_2에 대하여 $x_1 \neq x_2$이면 $f(x_1) \neq f(x_2)$가 성립하는 함수

> [참고] 일대일함수의 그래프는 치역의 임의의 원소 k에 대하여 y축에 수직인 직선 $y=k$와 오직 한 점에서 만난다.

(2) **일대일대응:** 함수 $f : X \longrightarrow Y$가 일대일함수이고, 치역과 공역이 같은 함수

문제로 개념 확인하기

01 개념—①

다음 대응이 X에서 Y로의 함수인지 확인하고, 함수인 것은 정의역, 공역, 치역을 각각 구하시오.

(1)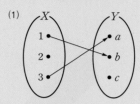

(2)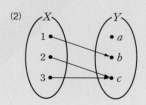

(3)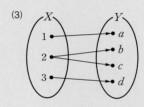

02 개념—①

다음 두 함수가 서로 같은 함수인지 말하시오.

(1) 정의역이 $\{-1, 0, 1\}$인 두 함수
$f(x)=x^2, g(x)=|x|$

(2) 정의역이 $\{2, 4\}$인 두 함수
$f(x)=2x, g(x)=x+2$

03 개념—②

실수 전체의 집합에서 정의된 〈보기〉의 함수 중 다음에 해당하는 함수를 모두 고르시오.

> 보기
>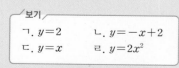
> ㄱ. $y=2$ 　　 ㄴ. $y=-x+2$
> ㄷ. $y=x$ 　　 ㄹ. $y=2x^2$

(1) 일대일함수　　(2) 일대일대응
(3) 항등함수　　　(4) 상수함수

(3) **항등함수**: 함수 $f : X \longrightarrow X$에서 정의역 X의 각 원소 x에 그 자신인 x가 대응할 때, 즉 $f(x)=x$인 함수   참고 항등함수는 일대일대응이다.

(4) **상수함수**: 함수 $f : X \longrightarrow Y$에서 정의역 X의 모든 원소 x에 공역 Y의 단 하나의 원소 c가 대응할 때, 즉 $f(x)=c$ (c는 상수)인 함수

   참고 상수함수의 치역은 원소가 한 개인 집합이다.

③ 합성함수

(1) **합성함수**: 세 집합 X, Y, Z에 대하여 두 함수 $f : X \longrightarrow Y$, $g : Y \longrightarrow Z$가 주어질 때, X의 각 원소 x에 Z의 원소 $g(f(x))$를 대응시키는 함수를 f와 g의 합성함수라고 하며, 기호 $\boldsymbol{g \circ f}$로 나타낸다. 즉,

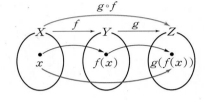

$$g \circ f : X \longrightarrow Z, \ (g \circ f)(x)=g(f(x))$$

   참고 합성함수 $g \circ f$가 정의되려면 f의 치역이 g의 정의역에 포함되어야 한다.

(2) **합성함수의 성질**: 세 함수 f, g, h에 대하여

① 교환법칙이 성립하지 않는다. ➡ $f \circ g \neq g \circ f$

② 결합법칙이 성립한다. ➡ $(f \circ g) \circ h = f \circ (g \circ h)$

③ $f : X \longrightarrow X$일 때, $f \circ I = I \circ f = f$ (단, I는 X에서의 항등함수이다.)

④ 역함수

(1) **역함수**: 함수 $f : X \longrightarrow Y$가 일대일대응일 때, Y의 각 원소 y에 $f(x)=y$인 X의 원소 x를 대응시키는 함수를 f의 역함수라고 하며, 기호 $\boldsymbol{f^{-1}}$로 나타낸다. 즉,

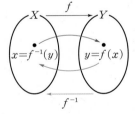

$$f^{-1} : Y \longrightarrow X, \ x=f^{-1}(y)$$

   참고 ① 함수 $f(x)$와 그 역함수 $f^{-1}(x)$에 대하여
   $f(a)=b \iff f^{-1}(b)=a$
   ② 어떤 함수의 역함수가 존재하기 위한 필요충분조건은 그 함수가 일대일대응인 것이다.

(2) **역함수 구하는 순서**

① 주어진 함수 $y=f(x)$가 일대일대응인지 확인한다.

② $y=f(x)$를 x에 대하여 풀어 $x=f^{-1}(y)$ 꼴로 만든다.

③ x와 y를 서로 바꾸어 $y=f^{-1}(x)$로 나타낸다.

④ 주어진 함수 $y=f(x)$의 치역을 역함수 $y=f^{-1}(x)$의 정의역으로 한다.

(3) **역함수의 성질**: 함수 $f : X \longrightarrow Y$가 일대일대응이고 그 역함수가 f^{-1}일 때

① $(f^{-1})^{-1}=f$

② $(f^{-1} \circ f)(x)=x$ $(x \in X)$, $(f \circ f^{-1})(y)=y$ $(y \in Y)$

③ 두 함수 f, g의 역함수가 각각 존재할 때, $(g \circ f)^{-1}=f^{-1} \circ g^{-1}$

(4) **역함수의 그래프의 성질**: 함수 $y=f(x)$의 그래프와 그 역함수 $y=f^{-1}(x)$의 그래프는 직선 $y=x$에 대하여 대칭이다.

   참고 함수 $y=f(x)$의 그래프와 직선 $y=x$의 교점은 함수 $y=f(x)$의 그래프와 그 역함수 $y=f^{-1}(x)$의 그래프의 교점과 같다.

문제로 개념 확인하기

04 개념 —③

두 함수 f, g가 아래 그림과 같을 때, 다음을 구하시오.

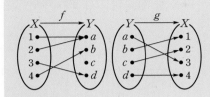

(1) $(f \circ g)(a)$

(2) $(g \circ f)(2)$

(3) $(f \circ g)(d)$

(4) $(g \circ f)(4)$

05 개념 —③

두 함수 $f(x)=-x+1$, $g(x)=x^2+1$에 대하여 다음을 구하시오.

(1) $(f \circ g)(x)$

(2) $(g \circ f)(x)$

(3) $(f \circ f)(x)$

(4) $(g \circ g)(x)$

06 개념 —④

함수 $f : X \longrightarrow Y$에 대하여 다음을 구하시오.

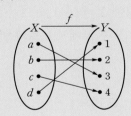

(1) $f^{-1}(3)$

(2) $(f^{-1} \circ f)(b)$

(3) $(f \circ f^{-1})(4)$

07 개념 —④

함수 $f(x)=2x+3$의 역함수를 구하시오.

내신등급 쑥쑥 올리기

▶ 함수의 뜻과 그래프

01 ⭐

다음 중 함수의 그래프가 <u>아닌</u> 것은?

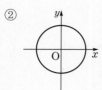

① ② ③ ④ ⑤

02 ⭐

두 집합 $X=\{-1, 0, 1\}$, $Y=\{-1, 0, 1\}$에 대하여 다음
〈보기〉 중 X에서 Y로의 함수인 것만을 있는 대로 고른 것은?

┌ 보기 ┐
ㄱ. $f(x)=1$ ㄴ. $g(x)=|x|$
ㄷ. $h(x)=-2x-1$ ㄹ. $k(x)=x^2-x$
└───────┘

① ㄱ, ㄴ   ② ㄱ, ㄹ   ③ ㄷ, ㄹ
④ ㄱ, ㄴ, ㄹ   ⑤ ㄴ, ㄷ, ㄹ

03 ⭐⭐

두 집합 $X=\{-1, 0, 2\}$, $Y=\{1, 2, 3\}$에 대하여 X에서
Y로의 대응 $x \longrightarrow ax^2+(a+1)x+2$가 함수가 되도록 하
는 모든 상수 a의 값의 합은?

① $-\dfrac{5}{2}$ ② -1 ③ $-\dfrac{1}{2}$

④ $\dfrac{3}{2}$ ⑤ 3

04 ⭐

집합 $X=\{-1, 0, 1\}$에서 정의된 함수 $f(x)=x^2-1$의
치역은?

① $\{-2, 0\}$ ② $\{-1, 0\}$ ③ $\{0, 1\}$
④ $\{1, 2\}$ ⑤ $\{0, 1, 2\}$

05 ⭐

집합 $X=\{0, 2, 3\}$에서 집합 $Y=\{1, 2, 3, 4, 5\}$로의 함
수 $f(x)=x+1$에 대한 다음 설명 중 옳지 <u>않은</u> 것은?

① $f(2)=3$이다.
② 정의역은 $\{0, 2, 3\}$이다.
③ 치역은 $\{1, 3, 4\}$이다.
④ 공역은 $\{1, 2, 3, 4, 5\}$이다.
⑤ $f(x)=5$를 만족시키는 x의 값은 4이다.

06 ★ 서술형 //

두 집합 $X=\{0, 1, 2, 3\}$, $Y=\{2, 3, 4, 5, 6\}$에 대하여 X에서 Y로의 함수 f를

$$f(x)=\begin{cases} x+2 & (x<1) \\ 4 & (x=1) \\ x^2-x & (x>1) \end{cases}$$

로 정의할 때, 함수 f의 치역을 구하시오.

07 ★★

세 변의 길이가 각각 x, 5, 8인 삼각형이 있다. 삼각형의 둘레의 길이를 함수 f라고 할 때, 함수 f의 치역은?

① $\{f(x)\,|\,f(x)>13\}$
② $\{f(x)\,|\,13<f(x)<26\}$
③ $\{f(x)\,|\,16<f(x)<26\}$
④ $\{f(x)\,|\,16<f(x)<30\}$
⑤ $\{f(x)\,|\,18<f(x)<30\}$

08 ★★

정의역이 $X=\{-1, 3\}$인 두 함수 $f(x)=ax$, $g(x)=x^2+b$의 치역이 서로 같을 때, 두 상수 a, b에 대하여 $a-b$의 값은?

① 3   ② 5   ③ 7
④ 9   ⑤ 11

09 ★★★ 서술형 //

임의의 두 실수 x, y에 대하여 함수 f가 $f(x+y)=f(x)+f(y)$를 만족시키고 $f(2)=4$일 때, $f(1)+f\left(\dfrac{1}{2}\right)-f(3)$의 값을 구하시오.

▶ 서로 같은 함수

10 ★

두 함수 $f(x)=x^2$, $g(x)=-x+2$에 대하여 $f=g$가 성립할 때, 다음 중 정의역이 될 수 있는 집합은?

① $\{-1, 0\}$ ② $\{-2, 1\}$ ③ $\{-1, 1, 2\}$
④ $\{-2, -1, 1\}$ ⑤ $\{-2, 0, 1\}$

11 ★★

다음 중 집합 $X=\{-1, 0, 1\}$을 정의역으로 하는 두 함수 f, g에 대하여 $f=g$인 함수는?

① $f(x)=x$, $g(x)=x^2$
② $f(x)=x-1$, $g(x)=\dfrac{x^2-1}{x+1}$
③ $f(x)=x$, $g(x)=-x$
④ $f(x)=2x$, $g(x)=2|x|$
⑤ $f(x)=|x|$, $g(x)=\begin{cases} x & (x\geq 0) \\ -x & (x<0) \end{cases}$

12 ★★★

집합 $X=\{-1, 0, 1\}$을 정의역으로 하는 두 함수 $f(x)=ax+b$, $g(x)=x^3+a$가 서로 같을 때, 두 상수 a, b에 대하여 $a+b$의 값은? (단, $a>0$)

① 0   ② 1   ③ 2
④ 3   ⑤ 4

내신등급 쑥쑥 올리기

▶ 여러 가지 함수

13 ★

다음 〈보기〉의 함수의 그래프 중 일대일대응인 것만을 있는 대로 고른 것은?

(단, 정의역과 공역은 실수 전체의 집합이다.)

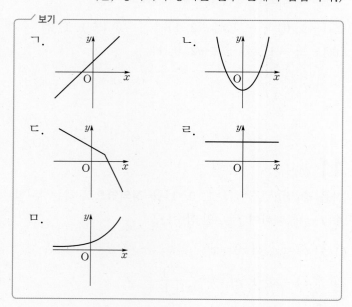

① ㄱ, ㄴ   ② ㄱ, ㄷ   ③ ㄴ, ㄷ
④ ㄱ, ㄷ, ㅁ   ⑤ ㄴ, ㄹ, ㅁ

14 ★

다음 함수 중 일대일대응인 것은?

① $y=3x^2$ ② $y=7$ ③ $y=|x|$
④ $y=3x+1$ ⑤ $y=x^2+2x+4$

15 ★★

정의역과 공역이 음이 아닌 실수 전체의 집합인 다음 〈보기〉의 함수 중 일대일함수이지만 일대일대응이 아닌 것을 있는 대로 고른 것은?

보기
ㄱ. $f(x)=x+1$ ㄴ. $f(x)=2x$
ㄷ. $f(x)=x^2$ ㄹ. $f(x)=x^2+x$

① ㄱ   ② ㄴ   ③ ㄱ, ㄹ
④ ㄴ, ㄷ   ⑤ ㄱ, ㄷ, ㄹ

16 ★★

두 집합 $X=\{x|-1\leq x\leq 3\}$, $Y=\{y|0\leq y\leq 8\}$에 대하여 X에서 Y로의 함수 $f(x)=ax+b$가 일대일대응이 되도록 하는 상수 a, b에 대하여 $a+b$의 값은? (단, $a<0$)

① 2   ② 3   ③ 4
④ 5   ⑤ 6

17 ★★

실수 전체의 집합에서 정의된 함수

$$f(x)=\begin{cases} 2x+3 & (x\geq 0) \\ ax+3 & (x<0) \end{cases}$$

가 일대일대응이 되도록 하는 실수 a의 값의 범위는?

① $a<-3$ ② $a<0$ ③ $a>-3$
④ $a>0$ ⑤ $-3<a<3$

18 ✪✪

두 집합 $X=\{x|x\geq 2\}$, $Y=\{y|y\geq 3\}$에 대하여 X에서 Y로의 함수 $f(x)=x^2-x+a$가 일대일대응일 때, 상수 a의 값은?

① -3　　　② -1　　　③ 0
④ 1　　　⑤ 3

19 ✪

집합 $X=\{-1, 0, 1\}$에 대하여 다음 중 X에서 X로의 항등함수인 것은?

① $f(x)=-x$　② $f(x)=x^2$　③ $f(x)=x^3$
④ $y=-x^3$　　⑤ $y=|x|$

20 ✪✪ 서술형🖊

집합 $X=\{x|x$는 자연수$\}$에 대하여 X에서 X로의 함수 f는 상수함수이다. $f(4)=2$일 때,
$f(1)+f(3)+f(5)+\cdots+f(99)$의 값을 구하시오.

21 ✪✪

집합 $X=\{1, 2, 3\}$에 대하여 X에서 X로의 세 함수 f, g, h가 다음 세 조건을 모두 만족시킨다.

> ㈎ f는 일대일대응, g는 항등함수, h는 상수함수이다.
> ㈏ $f(1)=g(2)=h(3)$
> ㈐ $f(2)+g(1)+h(3)=6$

이때 $f(1)f(3)$의 값은?

① -2　　　② -1　　　③ 0
④ 1　　　⑤ 2

▶ 함수의 개수

22 ✪

두 집합 $X=\{1, 2, 3\}$, $Y=\{4, 5, 6, 7\}$에 대하여 X에서 Y로의 함수 중 일대일함수의 개수는?

① 12　　　② 24　　　③ 32
④ 64　　　⑤ 81

23 ✪✪

집합 $A=\{1, 2, 3, \cdots, n\}$에 대하여 A에서 A로의 함수 중 상수함수의 개수를 a, 항등함수의 개수를 b, 일대일대응의 개수를 c라고 하자. $a+b+c=126$일 때, 자연수 n의 값은?

① 4　　　② 5　　　③ 6
④ 7　　　⑤ 8

24 ✪✪

집합 $X=\{-1, 0, 1\}$에서 X로의 함수 중 $f(0)\{f(1)+1\}\neq 0$을 만족시키는 함수 f의 개수는?

① 8　　　② 9　　　③ 10
④ 11　　　⑤ 12

▶ 합성함수의 정의와 성질

25 ✪
함수 f가 자연수 전체의 집합에서
$$f(x)=\begin{cases} x-5 & (x\ge 100) \\ x+3 & (x<100) \end{cases}$$
으로 정의될 때, $(f\circ f)(103)$의 값은?

① 100　　　　② 101　　　　③ 102
④ 103　　　　⑤ 104

26 ✪
집합 $X=\{1,\ 2,\ 3,\ 4,\ 5\}$에 대하여 X에서 X로의 함수 f가 오른쪽 그림과 같을 때,
$$(f\circ f)(2)+(f\circ f\circ f)(5)$$
의 값은?

① 3　　　　　② 4
③ 5　　　　　④ 6
⑤ 7

27 ✪✪　　　　　　　　　　　　　　　[교육청]
두 함수
$$f(x)=ax-6,\ g(x)=\frac{1}{2}x+b$$
가 모든 실수 x에 대하여 $(f\circ g)(x)=x$를 만족시킬 때, $100(a+b)$의 값을 구하시오. (단, a, b는 상수이다.)

28 ✪✪✪
함수 $f(x)$와 일차함수 $g(x)$에 대하여
$$(f\circ g)(x)=\{g(x)\}^2+4,\ (g\circ f)(x)=4\{g(x)\}^2+1$$
일 때, $g(20)$의 값은?

① 1　　　　　② 2　　　　　③ 3
④ 4　　　　　⑤ 5

29 ✪✪
모든 실수 x에 대하여 $f(2x-2)=-x-2$일 때, $(f\circ f)(2)$의 값은?

① -2　　　　② -1　　　　③ 0
④ 1　　　　　⑤ 2

30 ✪✪
두 함수 $f(x)=3x+1$, $g(x)=-2x+a$에 대하여 $f\circ g=g\circ f$가 성립할 때, 상수 a의 값은?

① $-\dfrac{5}{2}$　　　② $-\dfrac{3}{2}$　　　③ $-\dfrac{1}{2}$
④ 1　　　　　⑤ 2

31 ✪✪

함수 $f(x)=ax+b(a>0)$에 대하여 $(f \circ f)(x)=4x-6$
일 때, $f(3)$의 값은? (단, a, b는 상수이다.)

① 1   ② 2   ③ 3

④ 4   ⑤ 5

32 ✪✪

두 함수 $f(x)=\dfrac{2}{3}x+2$, $g(x)=2x+1$에 대하여
$(g \circ h)(x)=f(x)$를 만족시키는 함수 $h(x)$는?

① $h(x)=x+\dfrac{1}{3}$ ② $h(x)=x-2$

③ $h(x)=2x+5$ ④ $h(x)=\dfrac{1}{3}x-1$

⑤ $h(x)=\dfrac{1}{3}x+\dfrac{1}{2}$

33 ✪✪✪

함수 $f(x)=2x+1$에 대하여
$$f^1=f, \quad f^{n+1}=f \circ f^n \, (n\text{은 자연수})$$
으로 정의할 때, $f^9(1)$의 값은?

① 1023   ② 1024   ③ 1025

④ 2047   ⑤ 2048

▶ 합성함수와 그래프

34 ✪

함수 $y=f(x)$의 그래프와
직선 $y=x$가 오른쪽 그림과
같을 때, $(f \circ f \circ f)(a)$의 값
은? (단, 모든 점선은 x축 또
는 y축에 평행하다.)

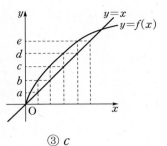

① a ② b ③ c

④ d ⑤ e

35 ✪✪

오른쪽 그림은 세 함수
$y=f(x)$, $y=g(x)$, $y=x$의 그
래프이다. 이때
$(g \circ f \circ f \circ f)(2)$의 값은?
(단, 모든 점선은 x축 또는 y축
에 평행하다.)

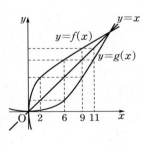

① 3   ② 5   ③ 7

④ 9   ⑤ 11

36 ✪✪✪

$0 \leq x \leq 6$에서 정의된 함수
$y=f(x)$의 그래프가 오른쪽 그림
과 같을 때, $(f \circ f)(a)=4$를 만
족시키는 모든 실수 a의 값은?

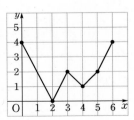

① 2   ② 5

③ 6   ④ 7

⑤ 9

▶ 역함수의 정의와 성질

37 ✪

두 함수 f, g가 다음 그림과 같을 때, $(f^{-1} \circ g^{-1})(3)$의 값은?

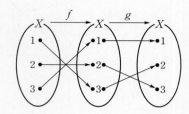

① 0 　　　　② 1 　　　　③ 2
④ 3 　　　　⑤ 4

38 ✪ 서술형✏

함수 $f(x)=ax+2$에 대하여 $f^{-1}(-4)=2$일 때, $f(3)$의 값을 구하시오. (단, a는 상수이다.)

39 ✪✪✪

일대일대응인 두 함수 $y=f(x)$, $y=g(x)$에 대하여 $f(x)=2x-1$이고, $(g \circ f)^{-1}(x)=-x+2$를 만족시킬 때, $g(7)$의 값은?

① -5 　　　　② -4 　　　　③ -3
④ -2 　　　　⑤ -1

40 ✪✪

실수 전체의 집합에서 정의된 두 함수

$$f(x)=2x+4, \quad g(x)=\begin{cases} 2x & (x<10) \\ x+10 & (x \geq 10) \end{cases}$$

에 대하여 $f(g^{-1}(20))+f^{-1}(g(20))$의 값은?

① 37 　　　　② 50 　　　　③ 52
④ 61 　　　　⑤ 65

41 ✪✪

함수 $f(x)=\begin{cases} x^2 & (x<0) \\ (a-1)x+a^2-2 & (x \geq 0) \end{cases}$의 역함수가 존재하기 위한 상수 a의 값은?

① $-\sqrt{3}$ 　　　　② $-\sqrt{2}$ 　　　　③ 0
④ $\sqrt{2}$ 　　　　⑤ $\sqrt{3}$

42 ✪✪✪ 서술형✏

집합 $X=\{x \,|\, x \leq k\}$에 대하여 X에서 X로의 함수 $f(x)=-3x^2+6x+12$의 역함수가 존재할 때, 상수 k의 값을 구하시오.

43 ☆

함수 $y=2x-3$의 역함수가 $y=ax+b$일 때, 상수 a, b에 대하여 $a-b$의 값은?

① -2 ② -1 ③ 0
④ 1 ⑤ 2

44 ☆☆

함수 $f(x)=ax-2$와 그 역함수가 $f^{-1}(x)$가 서로 같을 때, 상수 a의 값은?

① -2 ② -1 ③ 1
④ 2 ⑤ 4

45 ☆☆ 서술형

함수 $f(x)$의 역함수가 $f^{-1}(x)=2x-1$이고, 함수 $g(x)$를 $g(x)=f(3x-1)$로 정의할 때, $g(2)$의 값을 구하시오.

46 ☆☆

실수 전체의 집합에서 정의된 두 함수 f, g에 대하여 $(f^{-1}\circ g)(x)=2x-7$일 때, $(g^{-1}\circ f)(-3)$의 값은?

① 1 ② 2 ③ 3
④ 4 ⑤ 5

47 ☆☆

$x\geq0$에서 정의된 두 함수
$$f(x)=x^2+3,\ g(x)=2x-1$$
에 대하여 $(f\circ(g\circ f)^{-1}\circ f)(2)$의 값은?

① -4 ② -2 ③ 0
④ 2 ⑤ 4

48 ☆☆☆

함수 $f(x)$의 역함수를 $f^{-1}(x)$라고 할 때, $f^{-1}(0)=11$이다. $h(x)=f(4x-1)$인 함수 $h(x)$의 역함수를 $h^{-1}(x)$라고 할 때, $h^{-1}(0)$의 값은?

① 1 ② 2 ③ 3
④ 4 ⑤ 5

내신등급 쑥쑥 올리기

▶ 역함수와 그래프

49 ★

오른쪽 그림은 함수 $y=f(x)$의 그래프와 직선 $y=x$를 나타낸 것이다. 이때 $(f \circ f)^{-1}(b)$의 값은? (단, 모든 점선은 x축 또는 y축에 평행하다.)

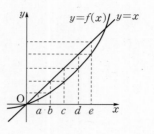

① a ② b ③ c
④ d ⑤ e

50 ★★

일차함수 $f(x)=-2x+a$의 그래프와 그 역함수 $y=f^{-1}(x)$의 그래프가 $x=2$인 한 점에서 만날 때, $f^{-1}(4)$의 값은?

① 1   ② 2   ③ 3
④ 4   ⑤ 5

51 ★★★

집합 $X=\{x|x \geq 2\}$에 대하여 함수 $f:X \longrightarrow X$가
$$f(x)=x^2-4x+6$$
이다. 방정식 $f(x)=f^{-1}(x)$의 모든 실근의 합은?

① 1   ② 2   ③ 3
④ 4   ⑤ 5

▶ 절댓값 기호를 포함한 함수의 그래프

52 ★★

함수 $y=f(x)$의 그래프가 오른쪽 그림과 같을 때, 함수 $y=f(|x|)$의 그래프의 개형은?

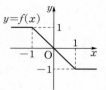

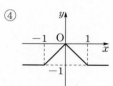

①   ②

③   ④

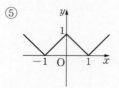

⑤

53 ★★★

함수 $y=|x+3|+|x-2|$의 최솟값은?

① $\dfrac{7}{2}$ ② 4   ③ $\dfrac{9}{2}$
④ 5   ⑤ $\dfrac{11}{2}$

STEP 3 내신 100점 잡기

54

함수 $f(x)$가 $x \neq 0$인 모든 실수 x에 대하여

$$f(x) + 2f\left(\frac{1}{x}\right) = 3$$

을 만족시킬 때, $f(5)$의 값은?

① 1   ② 2   ③ 3

④ 4   ⑤ 5

55 서술형

일차함수 $y = ax + 2$의 정의역이 $\{x | 1 \leq x \leq 2\}$이고 공역이 $-1 \leq y \leq 7$일 때, 상수 a의 값의 범위를 구하시오.

56

공집합이 아닌 집합 X를 정의역으로 하는 함수 $f(x) = x^2 + 3x - 8$이 항등함수가 되도록 하는 집합 X의 개수는?

① 1   ② 2   ③ 3

④ 4   ⑤ 5

57

집합 $A = \{-2, -1, 0, 1, 2\}$에서 A로의 함수

$$f(x) = \begin{cases} x-1 & (x \geq -1) \\ 2 & (x = -2) \end{cases}$$

에 대하여 $f^1(x) = f(x)$, $f^{n+1}(x) = f(f^n(x))$라고 할 때, $f^{2010}(-1) \times f^{2010}(2)$의 값은? (단, n은 자연수이다.)

① -4 ② -2 ③ 0

④ 2   ⑤ 4

58

집합 $X = \{1, 2, 3, 4, 5\}$에 대하여 함수 $f : X \longrightarrow X$는 역함수 f^{-1}가 존재하고,

$$f(1) = 3, \; f(2) = 4, \; f^{-1}(2) = 5, \; (f \circ f)(4) = 2$$

일 때, $(f \circ f \circ f)(3)$의 값은?

① 1   ② 2   ③ 3

④ 4   ⑤ 5

59

함수 $f : X \longrightarrow X$를 오른쪽 그림과 같이 정의하고,

$$f^1(x) = f(x),$$
$$f^{n+1}(x) = f(f^n(x))$$
$$(n = 1, 2, 3, \cdots)$$

라고 할 때, $f^6(4) + (f^3)^{-1}(3)$의 값은?

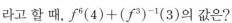

① 3   ② 4   ③ 5

④ 6   ⑤ 7

60

실수 전체의 집합에서 함수 $f(x)$가
$f(x)=|3x-1|+kx-6$으로 정의될 때, $f(x)$의 역함수
가 존재하기 위한 실수 k의 값의 범위는?

① $k<-\dfrac{1}{3}$ 또는 $k>\dfrac{1}{3}$ ② $-1<k<1$

③ $k<-1$ 또는 $k>1$ ④ $-3<k<3$

⑤ $k<-3$ 또는 $k>3$

61

세 함수 $f(x)=2x-1$, $g(x)=x-3$, $h(x)$에 대하여
$(g^{-1}\circ f^{-1}\circ h)(x)=f(x)$가 성립할 때, $h(1)$의 값은?

① -5 ② -4 ③ -3

④ -2 ⑤ -1

62

함수 $f(x)=-2x^2+4x+k\,(x\le1)$의 역함수를 $g(x)$라
고 할 때, 두 함수 $f(x)$, $g(x)$의 그래프가 만나도록 하는
실수 k의 값의 범위는?

① $k\ge-\dfrac{9}{8}$ ② $k\le-\dfrac{9}{8}$

③ $k<-\dfrac{9}{8}$ ④ $-2\le k<-\dfrac{9}{8}$

⑤ $-2<k\le-\dfrac{9}{8}$

63

집합 $A=\{1,\,2,\,3,\,4,\,5\}$에 대하여 다음 세 조건을 모두 만
족시키는 A에서 A로의 함수 f의 개수는?

> ㈎ 함수 f는 일대일대응이다.
> ㈏ $f(1)=5$
> ㈐ $k\ge2$이면 $f(k)\le k$이다. (단, $k\in A$)

① 2^3 ② 2^4 ③ 2^5

④ 2^6 ⑤ 2^7

64

$0\le x\le1$에서 정의된 함수 $y=f(x)$
의 그래프가 오른쪽 그림과 같을 때,
방정식 $f(f(x))=\dfrac{1}{2}$의 실근의 개
수는?

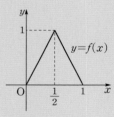

① 0 ② 1

③ 2 ④ 3

⑤ 4

이자 계산법과 합성함수

은행의 예금이나 적금 상품을 보면 대개 이율이 몇 퍼센트(%)라고 정해져 있다.

일정한 금액을 맡겨 놓으면 해마다 2%의 이자를 주는 상품이 있다고 하자.

처음 1년이 지나면 원금에 이자가 더해진 금액의 2%에 해당하는 이자가 또 늘 것이다. 이와 같은 방법으로 이자를 계산하는 것을 복리법이라고 한다.

예를 들어 100만 원을 위의 상품에 넣는다면 1년 후에는 100만 원의 2%인 2만 원의 이자가 늘어 원금과 이자를 합한 금액(원리 합계)이 102만 원이 된다. 또, 1년이 지나면 102만 원에 대한 2%의 이자인 2만 400원이 더해서 합계는 104만 400원이 된다.

이 관계를 함수로 나타내 보자.

1년마다 2%의 이자를 복리로 계산해 주는 은행에 x만 원을 저금하였을 때 1년 후의 원리 합계를 $f(x)$라고 하면

$$f(x) = x + 0.\dot{0}2x = 1.02x$$

2년 후의 원리 합계는

$$(f \circ f)(x) = f(f(x)) = f(1.02x) = 1.02^2 x$$

3년 후의 원리 합계는

$$(f \circ f \circ f)(x) = f(f(f(x))) = f(f(1.02x)) = f(1.02^2 x)$$
$$= 1.02^3 x$$

$$\vdots$$

따라서 n년 후의 원리 합계는 다음과 같다.

$$\underbrace{(f \circ f \circ \cdots \circ f)}_{n개}(x) = 1.02^n x$$

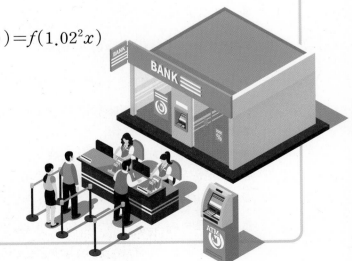

① 유리식과 유리함수

(1) 유리식

① **유리식**: 두 다항식 A, $B(B\neq0)$에 대하여 $\dfrac{A}{B}$ 꼴로 나타낸 식

② **유리식의 사칙계산**: 다항식 A, B, C, $D(B\neq0,\ D\neq0)$에 대하여

(ⅰ) 덧셈과 뺄셈: $\dfrac{A}{B}\pm\dfrac{C}{B}=\dfrac{A\pm C}{B}$, $\dfrac{A}{B}\pm\dfrac{C}{D}=\dfrac{AD\pm BC}{BD}$ (복부호 동순)

(ⅱ) 곱셈과 나눗셈: $\dfrac{A}{B}\times\dfrac{C}{D}=\dfrac{AC}{BD}$, $\dfrac{A}{B}\div\dfrac{C}{D}=\dfrac{A}{B}\times\dfrac{D}{C}=\dfrac{AD}{BC}$ (단, $C\neq0$)

(2) 특수한 형태의 분수식의 계산

① **부분분수로의 변형**: $\dfrac{1}{AB}=\dfrac{1}{B-A}\left(\dfrac{1}{A}-\dfrac{1}{B}\right)$ (단, $A\neq B$)

② **번분수식의 계산**: $\dfrac{\dfrac{A}{B}}{\dfrac{C}{D}}=\dfrac{A}{B}\div\dfrac{C}{D}=\dfrac{A}{B}\times\dfrac{D}{C}=\dfrac{AD}{BC}$ (단, $BCD\neq0$)

(3) 유리함수

① **유리함수**: 함수 $y=f(x)$에서 $f(x)$가 x에 대한 유리식인 함수

② **다항함수**: 함수 $y=f(x)$에서 $f(x)$가 x에 대한 다항식인 함수

③ 다항함수가 아닌 유리함수에서 정의역이 주어져 있지 않은 경우에는 분모가 0이 되지 않도록 하는 실수 전체의 집합을 정의역으로 한다.

② 유리함수의 그래프

(1) 유리함수 $y=\dfrac{k}{x}\ (k\neq0)$의 그래프

① 정의역과 치역은 모두 0이 아닌 실수 전체의 집합이다.

② $k>0$이면 그래프는 제1사분면과 제3사분면에 있고, $k<0$이면 그래프는 제2사분면과 제4사분면에 있다.

③ 원점에 대하여 대칭이다.

④ 점근선은 x축과 y축이다.

⑤ 두 직선 $y=x$, $y=-x$에 대하여 대칭이다.

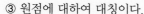

$k<0$ y $k>0$ 점근선   O x $y=\dfrac{k}{x}$

(2) 유리함수 $y=\dfrac{k}{x-p}+q\ (k\neq0)$의 그래프

① 함수 $y=\dfrac{k}{x}$의 그래프를 x축의 방향으로 p만큼, y축의 방향으로 q만큼 평행이동한 것이다.

② 정의역: $\{x\,|\,x\neq p$인 실수$\}$, 치역: $\{y\,|\,y\neq q$인 실수$\}$

③ 점 $(p,\ q)$에 대하여 대칭이다.

④ 점근선은 두 직선 $x=p$와 $y=q$이다.

⑤ 점 $(p,\ q)$를 지나고 기울기가 ±1인 두 직선에 대하여 대칭이다.

> **참고** 유리함수 $y=\dfrac{ax+b}{cx+d}(ad-bc\neq0,\ c\neq0)$의 그래프는 $y=\dfrac{k}{x-p}+q$ 꼴로 변형하여 그린다.

01 개념—①

다음 식을 간단히 하시오.

(1) $\dfrac{1}{x(x+1)}+\dfrac{1}{(x+1)(x+2)}$

(2) $\dfrac{1+\dfrac{1}{x}}{1-\dfrac{1}{x}}$

02 개념—②

유리함수 $y=-\dfrac{2}{x}$의 그래프를 x축의 방향으로 3만큼, y축의 방향으로 -1만큼 평행이동한 그래프가 나타내는 함수의 식을 구하시오.

03 개념—②

다음 유리함수의 그래프를 그리고, 정의역과 치역, 점근선의 방정식을 각각 구하시오.

(1) $y=\dfrac{1}{x+2}$

(2) $y=-\dfrac{2}{x-1}+3$

(3) $y=\dfrac{2x}{x+1}$

정답 및 해설 24쪽

③ 무리식과 무리함수

(1) 무리식
① **무리식**: 근호 안에 문자가 포함되어 있는 식 중에서 유리식으로 나타낼 수 없는 식
② 무리식의 값이 실수가 되기 위한 조건은

(근호 안의 식의 값)≥ 0, (분모)$\neq 0$

(2) 무리함수
① **무리함수**: 함수 $y=f(x)$에서 $f(x)$가 x에 대한 무리식인 함수
② 무리함수에서 정의역이 주어져 있지 않은 경우에는 근호 안에 있는 식의 값이 0 이상이 되도록 하는 실수 전체의 집합을 정의역으로 한다.

④ 무리함수의 그래프

(1) 무리함수 $y=\pm\sqrt{ax}\,(a\neq 0)$의 그래프
① 무리함수 $y=\sqrt{ax}\,(a\neq 0)$의 그래프
 (i) $a>0$일 때, 정의역: $\{x\,|\,x\geq 0\}$, 치역: $\{y\,|\,y\geq 0\}$
 (ii) $a<0$일 때, 정의역: $\{x\,|\,x\leq 0\}$, 치역: $\{y\,|\,y\geq 0\}$

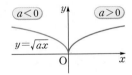

② 무리함수 $y=-\sqrt{ax}\,(a\neq 0)$의 그래프
 (i) $a>0$일 때, 정의역: $\{x\,|\,x\geq 0\}$, 치역: $\{y\,|\,y\leq 0\}$
 (ii) $a<0$일 때, 정의역: $\{x\,|\,x\leq 0\}$, 치역: $\{y\,|\,y\leq 0\}$

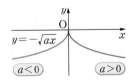

참고 무리함수의 그래프의 성질
① 무리함수 $y=\pm\sqrt{ax}$의 그래프는 a의 절댓값이 커질수록 x축으로부터 멀어진다.
② 무리함수 $y=-\sqrt{ax}$, $y=\sqrt{-ax}$, $y=-\sqrt{-ax}$의 그래프는 무리함수 $y=\sqrt{ax}$의 그래프를 각각 x축, y축, 원점에 대하여 대칭이동한 것과 같다.

(2) 무리함수 $y=\sqrt{a(x-p)}+q\,(a\neq 0)$의 그래프
① 무리함수 $y=\sqrt{ax}$의 그래프를 x축의 방향으로 p만큼, y축의 방향으로 q만큼 평행이동한 것이다.
② $a>0$일 때, 정의역: $\{x\,|\,x\geq p\}$, 치역: $\{y\,|\,y\geq q\}$
$a<0$일 때, 정의역: $\{x\,|\,x\leq p\}$, 치역: $\{y\,|\,y\geq q\}$

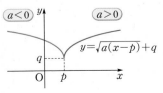

참고 무리함수 $y=\sqrt{ax+b}+c\,(a\neq 0)$의 그래는 $y=\sqrt{a(x-p)}+q$ 꼴로 변형하여 그린다.

문제로 개념 확인하기

04 개념 —③
다음 무리식의 값이 실수가 되도록 하는 실수 x의 값의 범위를 구하시오.

(1) $\sqrt{x+1}+\sqrt{3-x}$

(2) $\sqrt{x-1}+\dfrac{1}{\sqrt{4-x}}$

05 개념 —③
다음 식을 간단히 하시오.

$$\dfrac{1}{\sqrt{x}+1}+\dfrac{1}{\sqrt{x}-1}$$

06 개념 —④
무리함수 $y=-\sqrt{ax}$의 그래프에 대한 다음 〈보기〉의 설명 중 옳은 것을 모두 고르시오. (단 a는 상수이다.)

보기
ㄱ. $a>0$이면 원점과 제2사분면을 지난다.
ㄴ. $a<0$이면 정의역은 $\{x\,|\,x\leq 0\}$이다.
ㄷ. $a>0$이면 치역은 $\{y\,|\,y\geq 0\}$이다.
ㄹ. 함수 $y=\sqrt{ax}$의 그래프와 x축에 대하여 대칭이다.
ㅁ. $|a|$의 값이 커질수록 x축에서 멀어진다.

07 개념 —④
다음 무리함수의 그래프를 그리고, 정의역과 치역을 각각 구하시오.

(1) $y=\sqrt{2x+4}$

(2) $y=\sqrt{1-x}+2$

(3) $y=-\sqrt{x+1}-1$

▶ 유리식의 계산

01 ✪

$\dfrac{2x^2-x-1}{3x^2+x-2} \div \dfrac{4x^2-1}{3x^2+7x-6} \times \dfrac{x-1}{x^2+2x-3}$ 을 간단히 하면?

① $\dfrac{1}{x-1}$ ② $\dfrac{1}{x+2}$ ③ $\dfrac{1}{2x-1}$

④ $\dfrac{x+1}{2x+1}$ ⑤ $\dfrac{x+1}{3x-2}$

02 ✪✪

$x \neq -1$, $x \neq 0$, $x \neq 2$인 모든 실수 x에 대하여

$$\dfrac{6}{x(x+1)(x-2)} = \dfrac{a}{x(x-2)} + \dfrac{b}{x(x+1)}$$

가 항상 성립하도록 상수 a, b의 값을 정할 때, $\dfrac{a}{3b-a}$의 값은?

① $-\dfrac{1}{4}$ ② $-\dfrac{1}{8}$ ③ 0

④ $\dfrac{1}{8}$ ⑤ $\dfrac{1}{4}$

03 ✪✪

$\dfrac{2}{x(x+2)} + \dfrac{1}{(x+2)(x+3)} + \dfrac{3}{(x+3)(x+6)}$ 을 간단히 하면?

① $\dfrac{2}{x+6}$ ② $\dfrac{2}{x(x+6)}$ ③ $\dfrac{6}{x(x+6)}$

④ $\dfrac{2x+6}{x(x+6)}$ ⑤ $\dfrac{x^2+6}{x(x+6)}$

04 ✪

$\dfrac{x-\dfrac{1}{x}}{1-\dfrac{1}{x}}$ 을 간단히 하면?

① 1 ② $x+1$ ③ $x-1$

④ $\dfrac{1}{x+1}$ ⑤ $\dfrac{1}{x-1}$

05 ✪✪

$x=2$일 때, $1+\dfrac{1}{1-\dfrac{1}{1+\dfrac{1}{x}}}$ 의 값은?

① $\dfrac{3}{2}$ ② 3 ③ 4

④ 5 ⑤ $\dfrac{11}{2}$

06 ✪✪

$\dfrac{79}{58} = a + \dfrac{1}{b + \dfrac{1}{c + \dfrac{1}{d + \dfrac{1}{e}}}}$ 을 만족시키는 자연수 a, b, c, d,

e에 대하여 $a+b+c+d+e$의 값은?

① 10 ② 11 ③ 12

④ 13 ⑤ 14

07 ✪✪✪

$x^2+x+1=0$일 때, $x+\dfrac{1}{x}+\left(x^2+\dfrac{1}{x^2}\right)+\left(x^3+\dfrac{1}{x^3}\right)$ 의 값은?

① 4   ② 3   ③ 2

④ 1   ⑤ 0

▶ 유리함수

08 ✪

함수 $y=\dfrac{2x-3}{x-3}$의 정의역이 $\{x \mid -1\leq x<3,\ 3<x\leq 4\}$일 때, 치역은?

① $\left\{y \mid y\leq \dfrac{5}{4}\right\}$ ② $\{y \mid y\geq 5\}$

③ $\left\{y \mid \dfrac{5}{4}\leq y\leq 5\right\}$ ④ $\{y \mid y\leq -1 \text{ 또는 } y\geq 4\}$

⑤ $\left\{y \mid y\leq \dfrac{5}{4} \text{ 또는 } y\geq 5\right\}$

09 ✪✪

함수 $y=\dfrac{bx+3}{x+a}$의 정의역이 $\{x \mid x\neq 1$인 실수$\}$이고 치역이 $\{y \mid y\neq 1$인 실수$\}$일 때, 상수 a, b에 대하여 $b-a$의 값은?

① -2 ② -1 ③ 0

④ 1   ⑤ 2

10 ✪✪

정의역이 $\{x \mid -6\leq x\leq -1\}$인 함수 $y=\dfrac{3x+4}{x-1}$의 최댓값을 m, 최솟값을 n이라고 할 때, mn의 값은?

① -1 ② $-\dfrac{1}{2}$ ③ 1

④ $\dfrac{3}{2}$ ⑤ $\dfrac{5}{2}$

▶ 유리함수의 그래프의 점근선

11 ✪✪

함수 $y=\dfrac{2x+a}{bx+c}$의 그래프가 오른쪽 그림과 같을 때, 상수 a, b, c에 대하여 $a+b+c$의 값은?

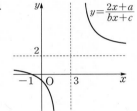

① -2 ② -1

③ 0   ④ 1

⑤ 2

12 ✪✪ 서술형 ✏

두 함수 $f(x)=\dfrac{2x-4}{x+a}$, $g(x)=\dfrac{bx+1}{x+c}$의 그래프의 점근선이 같고 $f(-1)=-3$일 때, 상수 a, b, c에 대하여 $a+b+c$의 값을 구하시오.

내신등급 쑥쑥 올리기

▶ 유리함수의 그래프의 평행이동과 대칭성

13 ★

함수 $y=\dfrac{3x-a}{x-3}$ 의 그래프는 함수 $y=\dfrac{1}{x}$ 의 그래프를 x축의 방향으로 b만큼, y축의 방향으로 c만큼 평행이동한 것이다. 이때 $a-b-c$의 값은? (단, a는 상수이다.)

① -5 ② -3 ③ 2

④ 3 ⑤ 5

14 ★

다음 함수 중 그 그래프를 평행이동하여 $y=\dfrac{1}{x}$ 의 그래프와 겹쳐질 수 있는 것은?

① $y=\dfrac{x-1}{x+1}$ ② $y=\dfrac{x+2}{x+1}$ ③ $y=\dfrac{x+2}{x-1}$

④ $y=\dfrac{x+1}{x-1}$ ⑤ $y=\dfrac{x-2}{x-1}$

15 ★★

함수 $y=\dfrac{3x+5}{x+2}$ 의 그래프를 x축의 방향으로 m만큼, y축의 방향으로 n만큼 평행이동하면 함수 $y=\dfrac{2x-3}{x-1}$ 의 그래프와 일치한다. 상수 m, n에 대하여 $m+n$의 값은?

① -2 ② -1 ③ 1

④ 2 ⑤ 3

16 ★★

다음 중 함수 $y=\dfrac{2}{x-1}+2$ 의 그래프에 대한 설명으로 옳은 것은?

① 점 $(0, 2)$에 대하여 대칭이다.
② 제3사분면만을 지나는 곡선이다.
③ y축과의 교점의 좌표는 $(0, 2)$이다.
④ 정의역은 양의 실수 전체의 집합이다.
⑤ 점근선의 방정식은 $x=1$, $y=2$이다.

17 ★★

함수 $y=\dfrac{ax-2}{x+2}$ 의 그래프가 점 $(b, 5)$에 대하여 대칭일 때, $a+b$의 값은? (단, a는 상수이다.)

① 1 ② 3 ③ 5

④ 7 ⑤ 9

18 ★★

함수 $y=\dfrac{4x+3}{2x+2}$ 의 그래프가 직선 $y=-x+k$에 대하여 대칭일 때, 상수 k의 값은?

① -2 ② -1 ③ 0

④ 1 ⑤ 2

19 ★★ 서술형

함수 $y=\dfrac{ax+3}{x+b}$ 의 그래프가 두 직선 $y=x-3$, $y=-x+4$에 대하여 대칭일 때, 상수 a, b에 대하여 ab의 값을 구하시오.

20 ◆◆◆

함수 $y=\dfrac{3}{x}$의 그래프를 x축의 방향으로 3만큼, y축의 방향으로 -2만큼 평행이동하면 함수 $y=\dfrac{ax+b}{x+c}$의 그래프와 일치한다. $y=\dfrac{ax+b}{x+c}$의 그래프에 대한 설명으로 옳은 것만을 〈보기〉에서 있는 대로 고른 것은?

(단, a, b, c는 상수이다.)

┌ 보기 ┐
ㄱ. 제2사분면을 지나지 않는다.
ㄴ. 점근선의 방정식은 $x=-3$, $y=2$이다.
ㄷ. $a+b+c=4$
ㄹ. 두 직선 $y=x-5$, $y=-x+1$에 대하여 대칭이다.
└─────────────┘

① ㄱ, ㄴ   ② ㄱ, ㄷ   ③ ㄴ, ㄹ
④ ㄱ, ㄴ, ㄷ   ⑤ ㄱ, ㄷ, ㄹ

21 ◆◆

함수 $y=\dfrac{bx+c}{x+a}$의 그래프가 오른쪽 그림과 같을 때, a, b, c의 부호로 옳은 것은?

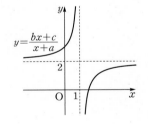

① $a>0$, $b>0$, $c<0$
② $a>0$, $b<0$, $c>0$
③ $a<0$, $b>0$, $c<0$
④ $a<0$, $b<0$, $c>0$
⑤ $a<0$, $b<0$, $c<0$

22 ◆◆

함수 $y=\dfrac{a}{x-1}+2$의 그래프가 모든 사분면을 지나기 위한 실수 a의 값의 범위는?

① $a<0$ ② $0<a<1$ ③ $a>1$
④ $1<a<2$ ⑤ $a>2$

▶ 유리함수의 그래프와 직선의 위치 관계

23 ◆

함수 $y=\dfrac{k}{x}(k\neq0)$의 그래프와 직선 $y=-x+2$가 한 점에서 만날 때, 실수 k의 값은?

① -4 ② -2 ③ -1
④ 1 ⑤ 2

24 ◆◆

함수 $y=\dfrac{x+4}{x}$의 그래프가 직선 $y=-x+k$가 서로 만나지 않도록 하는 정수 k의 개수는?

① 4 ② 5 ③ 6
④ 7 ⑤ 8

25 ◆◆◆

정의역이 $\{x\,|\,0\leq x\leq1\}$인 함수 $y=\dfrac{2x+5}{x+2}$의 그래프와 직선 $y=2ax+a$가 만나도록 하는 실수 a의 값의 범위는?

① $\dfrac{5}{9}\leq a\leq3$ ② $\dfrac{7}{9}\leq a\leq\dfrac{5}{2}$
③ $\dfrac{7}{6}\leq a\leq4$ ④ $a\leq\dfrac{7}{9}$ 또는 $a\geq\dfrac{5}{2}$
⑤ $a\leq\dfrac{7}{6}$ 또는 $a\geq4$

▶ 유리함수의 합성함수와 역함수

26 ✪

두 함수 $f(x)=\dfrac{3x-1}{x-1}$, $g(x)=\dfrac{6-x}{x+2}$에 대하여
$(g\circ f)(-1)$의 값은?

① 1   ② 2   ③ 3
④ 4   ⑤ 5

27 ✪✪

함수 $f(x)=\dfrac{2x-4}{x}$에 대하여 $(f\circ f)(x)$의 그래프의 점근선의 방정식이 $x=p$, $y=q$일 때, 상수 p, q에 대하여 $p+q$의 값은?

① 2   ② 3   ③ 4
④ 5   ⑤ 6

28 ✪✪

함수 $f(x)=\dfrac{2x-1}{x-2}$에 대하여
$$f^1=f,\ f^{n+1}=f\circ f^n\ (n=1, 2, 3, \cdots)$$
이라고 할 때, $f^{2018}(3)$의 값은?

① 1   ② 2   ③ 3
④ 4   ⑤ 5

29 ✪

함수 $f(x)=\dfrac{ax-1}{x-2}$과 그 역함수 $f^{-1}(x)$에 대하여
$f(x)=f^{-1}(x)$일 때, 상수 a의 값은?

① 1   ② 2   ③ 3
④ 4   ⑤ 5

30 ✪✪

함수 $y=\dfrac{3x+1}{x-1}$의 역함수의 그래프가 점 (a, b)에 대하여 대칭일 때, $a-b$의 값은?

① -4 ② -2 ③ 0
④ 2   ⑤ 4

31 ✪✪

함수 $f(x)=\dfrac{ax-1}{x-2}$의 그래프가 오른쪽 그림과 같을 때, $f^{-1}(0)$의 값은?

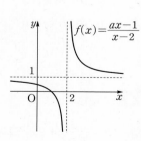

① 1   ② 2
③ 3   ④ 4
⑤ 5

▶ **무리식의 계산**

32 ✪

$\dfrac{\sqrt{x+3}}{\sqrt{5-x}}$ 의 값이 실수가 되도록 하는 모든 정수 x의 값의 합은?

① 1   ② 2   ③ 3

④ 4   ⑤ 5

33 ✪✪

$\dfrac{\sqrt{3a+2}}{\sqrt{a-3}}=-\sqrt{\dfrac{3a+2}{a-3}}$ 를 만족시키는 실수 a에 대하여

$\sqrt{(a-4)^2}+\sqrt{(3a+2)^2}$ 을 간단히 하면? $\left(\text{단, } a\neq-\dfrac{2}{3}\right)$

① $-4a+2$ ② $-2a+2$ ③ $a+3$

④ $2a+6$ ⑤ $4a-2$

34 ✪✪

두 실수 x, y에 대하여 $x+y=-4$, $xy=2$이고,

$\sqrt{\dfrac{x}{y}}+\sqrt{\dfrac{y}{x}}=k$일 때, 상수 k의 값은?

① $\sqrt{2}$ ② $\sqrt{3}$ ③ $2\sqrt{2}$

④ 3   ⑤ 4

35 ✪

$x=\sqrt{5}$일 때, $\dfrac{\sqrt{x-2}+\sqrt{x+2}}{\sqrt{x+2}-\sqrt{x-2}}$ 의 값은?

① 1   ② 2   ③ $\sqrt{5}$

④ $2\sqrt{5}$ ⑤ 5

36 ✪

$x=\dfrac{\sqrt{2}+1}{\sqrt{2}-1}$, $y=\dfrac{\sqrt{2}-1}{\sqrt{2}+1}$ 일 때, $\sqrt{\dfrac{y}{x}}+\sqrt{\dfrac{x}{y}}$ 의 값은?

① 2   ② 3   ③ $2\sqrt{2}$

④ 5   ⑤ 6

37 ✪✪ 서술형 ✍

$a>1$이고 $x=\dfrac{2a}{a^2+1}$ 일 때, $\dfrac{\sqrt{1-x}+\sqrt{1+x}}{\sqrt{1-x}-\sqrt{1+x}}$ 를 a에 대한 식으로 나타내시오.

38 ★★★

자연수 n에 대하여 $f(n)=\sqrt{2n+1}+\sqrt{2n-1}$일 때,

$$\frac{1}{f(1)}+\frac{1}{f(2)}+\frac{1}{f(3)}+\cdots+\frac{1}{f(40)}$$

의 값은?

① 1   ② 2   ③ 3

④ 4   ⑤ 5

▶ 무리수가 서로 같을 조건

39 ★★

$\dfrac{x}{\sqrt{2}+1}+\dfrac{y}{\sqrt{2}-1}=\dfrac{7}{3+\sqrt{2}}$ 을 만족시키는 유리수 x, y에 대하여 두 유리수 x, y에 대하여 x^2+y^2의 값은?

① 2   ② 4   ③ 5

④ 8   ⑤ 10

40 ★★ 서술형 ✍

두 유리수 x, y에 대하여

$$x^2-\sqrt{2}y^2-x-\sqrt{2}y-12+12\sqrt{2}=0$$

이 성립할 때, $x-y$의 최댓값을 구하시오.

▶ 무리함수

41 ★

함수 $y=\sqrt{x+4}-1$의 정의역이 $\{x|a\le x\le b\}$이고 치역이 $\{y|-1\le y\le 2\}$일 때, 상수 a, b에 대하여 $b-a$의 값은?

① 7   ② 8   ③ 9

④ 10   ⑤ 11

42 ★★

함수 $y=-\sqrt{ax+b}+c$의 정의역이 $\{x|x\ge -2\}$이고 치역이 $\{y|y\le 1\}$이다. 이 함수의 그래프가 점 $(-1, -1)$을 지날 때, 상수 a, b, c에 대하여 $a+b+c$의 값은?

(단, $a\ne 0$)

① 7   ② 8   ③ 10

④ 13   ⑤ 15

43 ★★

정의역이 $\{x|-1\le x\le a\}$인 함수 $y=\sqrt{3-x}+b$의 최댓값이 5이고, 최솟값이 4일 때, $b-a$의 값은?

(단, b는 상수이다.)

① 0   ② 1   ③ 2

④ 3   ⑤ 4

▶ 무리함수의 평행이동과 대칭이동

44 ☆

다음 함수 중 그 그래프를 평행이동 또는 대칭이동하여 $y=-\sqrt{x}$의 그래프와 겹칠 수 <u>없는</u> 것은?

① $y=\sqrt{x}$ ② $y=\sqrt{-x}$

③ $y=-\sqrt{-x}$ ④ $y=-2\sqrt{x}$

⑤ $y=-\sqrt{x-1}+4$

45 ☆

함수 $y=-\sqrt{-2x+2}-3$의 그래프가 지나는 사분면은?

① 제1사분면   ② 제1, 2사분면

③ 제1, 4사분면   ④ 제2, 3사분면

⑤ 제3, 4사분면

46 ☆

함수 $y=\sqrt{2x-6}+1$의 그래프는 $y=\sqrt{2x}$의 그래프를 x축의 방향으로 p만큼, y축의 방향으로 q만큼 평행이동한 것이다. 이때 $p-q$의 값은?

① 2   ② 3   ③ 4

④ 5   ⑤ 6

47 ☆☆

$y=\sqrt{a(x+2)}+3$의 그래프를 x축의 방향으로 1만큼, y축의 방향으로 -2만큼 평행이동한 그래프가 점 $(2, 4)$를 지날 때, 상수 a의 값은?

① 1   ② 3   ③ 5

④ 7   ⑤ 9

48 ☆☆☆ 서술형

함수 $y=a\sqrt{x+b}+c$의 그래프가 오른쪽 그림과 같을 때, 이 그래프와 x축의 교점의 좌표를 구하시오.

(단, a, b, c는 상수이다.)

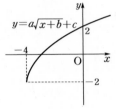

▶ 무리함수의 그래프의 성질

49 ☆☆

함수 $y=\sqrt{ax}\ (a\neq0)$의 그래프에 대한 설명으로 옳은 것은?

① 정의역은 $\{x\,|\,x\geq0\}$이다.

② 치역은 $a>0$일 때 $\{y\,|\,y\geq0\}$, $a<0$일 때 $\{y\,|\,y\leq0\}$이다.

③ $a>0$이면 원점과 제2사분면을 지난다.

④ 함수 $y=-\sqrt{ax}$의 그래프와 x축에 대하여 대칭이다.

⑤ 함수 $y=-\sqrt{-ax}$의 그래프와 y축에 대하여 대칭이다.

50 ★★

함수 $y=-\sqrt{3x-3}+2$의 그래프에 대한 설명으로 옳은 것만을 다음 〈보기〉에서 있는 대로 고른 것은?

보기
ㄱ. 치역은 $\{y|y\leq 2\}$이다.
ㄴ. $y=-\sqrt{3x}$의 그래프를 x축의 방향으로 1만큼, y축의 방향으로 2만큼 평행이동한 것이다.
ㄷ. 제2, 3사분면을 지난다.
ㄹ. $y=\sqrt{3x}$의 그래프를 평행이동하면 겹쳐질 수 있다.

① ㄱ, ㄴ   ② ㄱ, ㄷ   ③ ㄱ, ㄹ
④ ㄱ, ㄴ, ㄷ   ⑤ ㄴ, ㄷ, ㄹ

51 ★★★

함수 $y=\dfrac{ax+b}{x+c}$의 그래프가 오른쪽 그림과 같을 때, 무리함수 $y=c\sqrt{-bx+a}+a$의 그래프의 개형으로 알맞은 것은?
(단, a, b, c는 상수이다.)

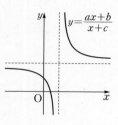

① ② ③ ④
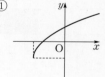

⑤

▶ 무리함수의 그래프와 직선의 위치 관계

52 ★

함수 $y=\sqrt{x-5}$의 그래프와 직선 $y=x+k$가 접할 때, 상수 k의 값은?

① $-\dfrac{19}{4}$ ② $-\dfrac{17}{4}$ ③ $-\dfrac{5}{4}$

④ $\dfrac{15}{4}$ ⑤ $\dfrac{23}{4}$

53 ★★

직선 $y=mx+2$가 함수 $y=\sqrt{-x+2}-4$의 그래프와 만나지 않도록 하는 정수 m의 최댓값은?

① -3 ② -2 ③ -1
④ 0 ⑤ 1

54 ★★★

$2ax=3\sqrt{x-1}$의 해가 존재하도록 하는 모든 실수 a의 값의 범위가 $\alpha\leq a\leq\beta$일 때, $\beta-\alpha$의 값은?

① $\dfrac{1}{2}$ ② $\dfrac{3}{4}$ ③ 1
④ $\dfrac{5}{4}$ ⑤ $\dfrac{3}{2}$

▶ 무리함수의 역함수와 합성함수

55 ☆
함수 $f(x)=\sqrt{3x-5}$의 역함수 $f^{-1}(x)$에 대하여 $(f \circ f^{-1} \circ f^{-1})(2)$의 값은?

① 1   ② 2   ③ 3
④ 4   ⑤ 5

56 ☆ 서술형 ✐
함수 $y=\sqrt{2x-2}+3$의 역함수를 구하고, 그 역함수의 정의역과 치역을 각각 구하시오.

57 ☆☆
함수 $f(x)=\sqrt{ax-b}$ $(a \neq 0)$에 대하여 점 $(1, 3)$이 $y=f(x)$의 그래프와 $y=f(x)$의 역함수의 그래프 위에 있다. 상수 a, b에 대하여 $a+b$의 값은?

① -17 ② -15 ③ -13
④ -11 ⑤ -9

58 ☆☆
$\{x \mid x > 2\}$에서 정의된 두 함수
$$f(x)=\frac{x+2}{x-2}, \ g(x)=\sqrt{3x+1}-1$$
에 대하여 $(g^{-1} \circ f)(4)$의 값은?

① 1   ② 2   ③ 3
④ 4   ⑤ 5

59 ☆☆☆
두 함수 $y=\sqrt{x+2}$, $x=\sqrt{y+2}$의 그래프가 만나는 점의 좌표를 (a, b)라고 할 때, $a+b$의 값은?

① -8 ② -4 ③ 0
④ 4 ⑤ 8

60 ☆☆☆
함수 $y=\sqrt{x-2}+2$의 그래프와 그 역함수의 그래프는 두 점에서 만난다. 이 두 점 사이의 거리는?

① 1   ② $\sqrt{2}$ ③ $\sqrt{3}$
④ 2   ⑤ $\sqrt{5}$

61

유리함수 $y=\dfrac{2x-7}{2x+1}$의 그래프 위의 점 중 x좌표, y좌표가 모두 정수인 점의 좌표를 (a, b), (c, d)라고 할 때, $a+b+c+d$의 값은?

① 0   ② 1   ③ 3

④ 5   ⑤ 7

62

두 함수 $y=\dfrac{-x}{x+a}$, $y=\dfrac{ax+1}{x-2}$의 그래프의 점근선으로 둘러싸인 부분의 넓이가 6일 때, 양수 a의 값은?

① 1   ② 2   ③ 3

④ 4   ⑤ 5

63 서술형 ✏️

함수 $f(x)=\dfrac{ax+4}{x-b}$의 그래프는 직선 $y=x$에 대하여 대칭이고, $f(0)=2$이다. 이때 $f(6)$의 값을 구하시오.

(단, a, b는 상수이다.)

64

$2 \le x \le 3$에서 부등식 $ax+3 \le \dfrac{x+1}{x-1} \le bx+3$이 항상 성립할 때, 상수 a의 최댓값과 상수 b의 최솟값의 합은?

① $-\dfrac{5}{3}$ ② -1 ③ $-\dfrac{2}{3}$

④ $-\dfrac{1}{2}$ ⑤ $-\dfrac{1}{3}$

65

함수 $f(x)=\dfrac{x+1}{x-2}$의 그래프를 x축의 방향으로 a만큼, y축의 방향으로 b만큼 평행이동하면 역함수 $y=f^{-1}(x)$의 그래프와 일치한다. 이때 $b-a$의 값은?

① 0   ② 2   ③ 4

④ 6   ⑤ 8

66

자연수 n에 대하여

$$f_1(x)=\frac{1}{x}, \ f_2(x)=\frac{1}{1-\frac{1}{x}}, \ f_3(x)=\frac{1}{1-\frac{1}{1-\frac{1}{x}}}, \ \cdots$$

로 정의할 때, 다음 〈보기〉에서 옳은 것만을 있는 대로 고른 것은?

> 보기
>
> ㄱ. $f_4(x)=1$
> ㄴ. $f_n(x)=f_{n+3}(x)$
> ㄷ. $f_1(x) \times f_2(x) \times f_3(x) \times \cdots \times f_{202}(x)=f_1(x)$

① ㄱ   ② ㄴ   ③ ㄷ

④ ㄱ, ㄷ   ⑤ ㄴ, ㄷ

67

두 함수 $y=\dfrac{4x-5}{2x+2}$, $y=\sqrt{-x+k}$의 그래프가 서로 다른 두 점에서 만나기 위한 정수 k의 최솟값은?

① -2 ② -1 ③ 0

④ 1 ⑤ 2

68

함수 $y=\dfrac{ax+b}{x+c}$의 그래프가 오른쪽 그림과 같을 때, 함수 $y=\sqrt{-ax+b}+c$의 그래프가 지나는 사분면을 모두 구하면?

(단, a, b, c는 상수이다.)

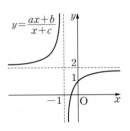

① 제1사분면   ② 제1, 2사분면

③ 제1, 4사분면   ④ 제3, 4사분면

⑤ 제1, 2, 3사분면

69

다음 그림과 같이 좌표평면 위의 두 곡선 $y=\sqrt{x+1}$과 $y=\sqrt{x-1}$이 y축에 평행한 직선 $x=k(k=1,\ 2,\ 3,\ \cdots)$와 만나는 점을 각각 P_k, Q_k하자.

$$\overline{\mathrm{P_1Q_1}}+\overline{\mathrm{P_2Q_2}}+\cdots+\overline{\mathrm{P_{49}Q_{49}}}=a+b\sqrt{2}$$

일 때, 유리수 a, b에 대하여 $\dfrac{1}{2}ab$의 값은?

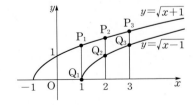

① 9 ② 11 ③ 13

④ 15 ⑤ 17

70

실수 전체의 집합에서 함수 $f(x)$를

$$f(x)=\begin{cases}\sqrt{-2x+a}+1 & (x<1)\\ -\sqrt{2x-2}+b & (x\geq1)\end{cases}$$

로 정의하면 $f(x)$가 일대일대응이다.
이때 $f^{-1}(2)+f^{-1}(-2)$의 값은?

(단, a, b는 상수이고 $a\leq2$이다.)

① 2 ② 4 ③ 6

④ 8 ⑤ 10

71

두 함수 $y=\sqrt{2x+1}$, $y=x+k$의 그래프의 교점의 개수를 $f(k)$라고 할 때, 다음 중 함수 $y=f(k)$의 그래프는?

(단, 중근은 1개의 근으로 한다.)

① 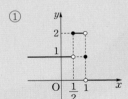 ②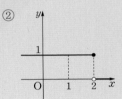

③ 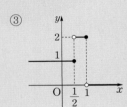 ④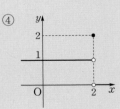

⑤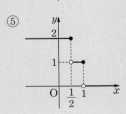

III 경우의 수

1 경우의 수

① 경우의 수

(1) 합의 법칙

두 사건 A, B가 동시에 일어나지 않을 때, 사건 A와 사건 B가 일어나는 경우의 수를 각각 m, n이라고 하면 사건 A 또는 사건 B가 일어나는 경우의 수는

$$m+n$$

참고 ① 합의 법칙은 어느 두 사건도 동시에 일어나지 않는 셋 이상의 사건에 대해서도 성립한다.
② 두 사건 A, B가 일어나는 경우의 수가 각각 m, n이고, 두 사건 A, B가 동시에 일어나는 경우의 수가 l이면 사건 A 또는 사건 B가 일어나는 경우의 수는 $m+n-l$이다.

(2) 곱의 법칙

두 사건 A, B에 대하여 사건 A와 사건 B가 일어나는 경우의 수를 각각 m, n이라고 하면 두 사건 A, B가 잇달아(동시에) 일어나는 경우의 수는

$$m \times n$$

참고 ① 곱의 법칙은 동시에 일어나는 셋 이상의 사건에 대해서도 성립한다.
② 수형도 또는 순서쌍을 이용하면 모든 경우의 수를 빠짐없이, 중복되지 않게 구할 수 있다.

② 순열

(1) 순열

서로 다른 n개에서 $r(0<r\le n)$개를 택하여 일렬로 나열하는 것을 n개에서 r개를 택하는 순열이라 하고, 이 순열의 수를 기호 $_n\mathrm{P}_r$로 나타낸다.

참고 $_n\mathrm{P}_r$의 P는 순열을 뜻하는 Permutation의 첫 글자이다.

(2) 순열의 수 ①

서로 다른 n개에서 $r(0<r\le n)$개를 택하는 순열의 수는

$$_n\mathrm{P}_r=n(n-1)(n-2)\times \cdots \times(n-r+1)$$

참고 $_n\mathrm{P}_r$는 n부터 1씩 작아지는 r개의 자연수를 차례로 곱한 것이다.

(3) 계승

1부터 n까지의 자연수를 차례로 곱한 것을 n의 계승이라 하고, 이것을 기호 $n!$로 나타낸다. 즉,

$$n!=n(n-1)(n-2)\times \cdots \times3\times2\times1$$

참고 $n!$은 'n의 계승(階乘)' 또는 'n 팩토리얼(factorial)'이라 읽는다.

(4) 순열의 수 ②

① $_n\mathrm{P}_n=n!$, $0!=1$, $_n\mathrm{P}_0=1$

② $_n\mathrm{P}_r=\dfrac{n!}{(n-r)!}$ (단, $0\le r\le n$)

---

01 개념 —①

서로 다른 두 개의 주사위를 동시에 던질 때, 나오는 두 눈의 수의 합이 3 또는 4인 경우의 수를 구하시오.

02 개념 —①

두 개의 주사위 A, B를 동시에 던질 때, 나오는 두 눈의 수의 곱이 홀수가 되는 경우의 수를 구하시오.

03 개념 —②

다음을 구하시오.

(1) $_6\mathrm{P}_3$

(2) $_{12}\mathrm{P}_1$

(3) $_8\mathrm{P}_8$

(4) $_5\mathrm{P}_2 \times 4!$

04 개념 —②

다음을 만족시키는 n 또는 r의 값을 구하시오.

(1) $_n\mathrm{P}_2=42$

(2) $_6\mathrm{P}_r=360$

(3) $_n\mathrm{P}_n=24$

알아두기 +1   조건이 주어진 순열의 수

조건을 만족시키는 것을 우선적으로 배치한 다음, 나머지를 배열하는 방법을 생각한다.

① 이웃하는 경우

➡ 이웃하는 것을 한 묶음으로 생각하여 배열한 후, 묶음 안에서 이웃한 것끼리의 위치를 바꾸는 것을 생각한다.

② 이웃하는 않는 경우

➡ 이웃해도 상관없는 것을 먼저 배열한 후, 그 사이사이와 양 끝에 이웃하지 않는 것을 배열한다.

③ '적어도'라는 단어가 포함된 경우

➡ 반대의 경우에 해당하는 경우의 수를 구한 후, 전체 경우의 수에서 뺀다.

④ 사전식 배열을 이용하는 경우

➡ 맨 앞에 오는 문자에 따라 차례대로 배열하여 문자열을 구한다.

05 개념 ―③

다음 값을 구하시오.

(1) $_4C_0$

(2) $_8C_8$

(3) $_6C_3$

(4) $_{10}C_9$

---

③ 조합

(1) 조합

서로 다른 n개에서 순서를 생각하지 않고 $r(0<r\leq n)$개를 택하는 것을 n개에서 r개를 택하는 조합이라 하고, 이 조합의 수를 기호 $_nC_r$로 나타낸다.

참고 $_nC_r$의 C는 조합을 뜻하는 Combination의 첫 글자이다.

(2) 조합의 수 ①

서로 다른 n개에서 $r(0<r\leq n)$개를 택하는 조합의 수는

$$_nC_r=\frac{_nP_r}{r!}=\frac{n!}{r!(n-r)!}$$

참고 서로 다른 n개에서 r개를 택하는 조합의 수는 $_nC_r$이고, 그 각각에 대하여 r개를 일렬로 나열하는 방법의 수는 $r!$이다.

그런데 서로 다른 n개에서 r개를 택하는 순열의 수는 $_nP_r$이므로

$$_nC_r\times r!=_nP_r, \ \ \text{즉} \ \ _nC_r=\frac{_nP_r}{r!}$$

(3) 조합의 수 ②

① $_nC_0=1, \ _nC_n=1$

② $_nC_r=_nC_{n-r}$ (단, $0\leq r\leq n$)

③ $_nC_r=_{n-1}C_r+_{n-1}C_{r-1}$ (단, $1\leq r<n$)

06 개념 ―③

다음을 만족시키는 n 또는 r의 값을 구하시오.

(1) $_nC_2=15$

(2) $_nC_6=_nC_4$

(3) $_7C_r=_7C_{r-3}$

알아두기 +1   도형에서의 조합의 수

① 어느 두 점도 한 직선 위에 있지 않은 서로 다른 n개의 점 중에서 두 점을 연결하여 만들 수 있는 직선의 개수

➡ $_nC_2$

② 어느 세 점도 한 직선 위에 있지 않은 서로 다른 n개의 점 중에서 세 점을 꼭짓점으로 하는 삼각형의 개수

➡ $_nC_3$

③ m개의 평행선과 n개의 평행선이 만날 때 생기는 평행사변형의 개수

➡ $_mC_2\times _nC_2$

07 개념 ―②③

5명의 여학생과 3명의 남학생이 있을 때, 다음 물음에 답하시오.

(1) 대표 1명과 부대표 1명을 뽑는 경우의 수를 구하시오.

(2) 3명의 학생을 뽑는 경우의 수를 구하시오.

(3) 여학생 2명과 남학생 1명을 뽑는 경우의 수를 구하시오.

▶ **합의 법칙**

01 ✪

미영이가 학교에서 집으로 갈 때, 버스만을 탈 경우 파란 버스는 4가지이고 초록 버스는 2가지이다. 또, 지하철을 이용할 경우 5호선과 9호선을 각각 탈 수 있고, 내려야 하는 역에서 반드시 마을버스를 이용해야 하는데, 5호선에는 3개, 9호선에는 2개의 마을버스 노선이 연결되어 있다. 미영이가 교통수단을 이용해서 집으로 갈 수 있는 모든 경우의 수는?

① 11   ② 12   ③ 13
④ 14   ⑤ 15

02 ✪✪

서로 다른 두 개의 주사위를 동시에 던질 때, 나오는 두 눈의 수의 합이 4의 배수이거나 5 미만인 경우의 수는?

① 6   ② 8   ③ 10
④ 12   ⑤ 14

03 ✪✪✪

1200원짜리 음료수 한 캔을 살 때, 500원, 100원, 50원짜리 동전들만을 가지고 거스름돈 없이 지불하는 방법의 수는?

① 20   ② 21   ③ 22
④ 23   ⑤ 24

04 ✪

부등식 $2x+y \leq 8$을 만족시키는 자연수 x, y의 순서쌍 (x, y)의 개수는?

① 10   ② 11   ③ 12
④ 13   ⑤ 14

05 ✪✪

방정식 $x+2y+4z=9$를 만족시키는 음이 아닌 정수 x, y, z의 순서쌍 (x, y, z)의 개수는?

① 6   ② 7   ③ 8
④ 9   ⑤ 10

06 ✪✪

서로 다른 두 개의 주사위를 동시에 던져서 나오는 두 눈의 수를 각각 a, b라고 할 때, x에 대한 이차방정식 $3x^2 - 2ax + b = 0$이 실근을 가지는 경우의 수는?

① 21   ② 22   ③ 23
④ 24   ⑤ 25

07 ☆

오른쪽 그림의 정사면체 A−BCD에서 꼭짓점 A를 출발하여 모서리를 따라 꼭짓점 C까지 가는 경우의 수는? (단, 한 꼭짓점을 두 번 이상 지나지 않는다.)

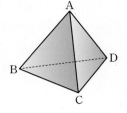

① 3   ② 5   ③ 7
④ 9   ⑤ 11

08 ☆☆

수험생 4명의 수험표를 섞어서 임의로 나누어 줄 때, 4명 모두 다른 사람의 수험표를 받는 경우의 수는?

① 7   ② 9   ③ 11
④ 13   ⑤ 15

09 ☆☆☆

1부터 9까지의 숫자를 한 번씩만 사용하여 세 자리 수의 암호를 만들려고 한다. 백의 자리 숫자는 4의 배수, 십의 자리 숫자는 3의 배수, 일의 자리 숫자는 홀수를 사용할 때, 만들 수 있는 암호의 개수는?

① 23   ② 24   ③ 25
④ 26   ⑤ 27

▶ 곱의 법칙

10 ☆

윤아는 4개의 서로 다른 모자와 2개의 서로 다른 가방을 가지고 있다. 윤아가 외출하기 위하여 모자와 가방을 각각 하나씩 선택하는 방법의 수는?

① 5   ② 8   ③ 11
④ 13   ⑤ 15

11 ☆

다음 다항식을 전개하였을 때 생기는 항의 개수는?

$$(a+b)(v+w)+(c+d+e)(x+y+z)$$

① 9   ② 10   ③ 11
④ 12   ⑤ 13

12 ☆

두 자리 자연수 중에서 십의 자리 숫자와 일의 자리 숫자의 곱이 홀수인 것의 개수는?

① 10   ② 15   ③ 20
④ 25   ⑤ 30

13 ✪✪

세 집합 $A=\{1, 2, 3\}$, $B=\{1, 2, 3, 4\}$, $C=\{1, 2, 3, 4, 5\}$ 에서 각각 한 개의 원소를 뽑았을 때, 세 수의 합이 짝수인 경우의 수는?

① 10   ② 20   ③ 30
④ 40   ⑤ 50

14 ✪✪

서로 다른 세 개의 주사위를 동시에 던질 때, 나오는 세 눈의 수의 곱이 짝수가 되는 경우의 수는?

① 187   ② 188   ③ 189
④ 190   ⑤ 191

15 ✪✪

다음 〈보기〉에서 옳은 것만을 있는 대로 고른 것은?

┌─ 보기 ─
│ ㄱ. 540의 약수의 개수는 36이다.
│ ㄴ. 540의 약수 중 5의 배수의 개수는 12이다.
│ ㄷ. 540과 252의 공약수의 개수는 9이다.
└─

① ㄱ   ② ㄴ   ③ ㄱ, ㄷ
④ ㄴ, ㄷ   ⑤ ㄱ, ㄴ, ㄷ

16 ✪

우정이네 집, 학교, 도서관 사이에 오른쪽 그림과 같은 길이 있다. 우정이가 집에서 출발하여 학교와 도서관을 한 번씩만 거쳐서 다시 집으로 돌아오는 경우의 수는?

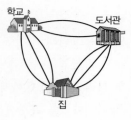

① 18   ② 24   ③ 30
④ 36   ⑤ 42

17 ✪✪

오른쪽 그림은 5개의 섬 A, B, C, D, E를 연결하는 다리를 나타낸 것이다. A에서 E로 가는 경우의 수는? (단, 같은 섬은 두 번 이상 지나지 않는다.)

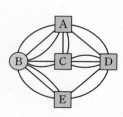

① 105   ② 106   ③ 107
④ 108   ⑤ 109

18 ✪✪

집에서 놀이터까지 가는 도로는 3가지, 놀이터에서 학원까지 가는 도로는 n가지이다. 집을 출발하여 놀이터를 거쳐 학원까지 왕복하는데 돌아올 때에는 갈 때 이용한 도로를 이용하지 않기로 하였다. 이와 같은 방법으로 왕복하는 경우의 수가 120일 때, n의 값은?

① 3   ② 4   ③ 5
④ 6   ⑤ 7

19 ✪✪

오른쪽 그림의 A, B, C, D 4개의 영역에 서로 다른 4가지 색 중 몇 가지 색을 칠하여 구분하려고 한다. 같은 색을 중복하여 사용해도 좋으나 인접한 영역은 서로 다른 색으로 칠할 때, 칠하는 방법의 수는?

(단, 한 영역에는 한 색만 칠한다.)

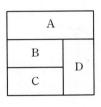

① 12   ② 24   ③ 48
④ 72   ⑤ 96

20 ✪✪✪ 서술형 ✍

오른쪽 그림의 A, B, C, D 4개의 영역에 서로 다른 4가지 색 중 몇 가지 색을 칠하여 구분하려고 한다. 같은 색을 중복하여 사용해도 좋으나 인접한 영역은 서로 다른 색으로 칠할 때, 칠하는 방법의 수를 구하시오.

(단, 한 영역에는 한 색만 칠한다.)

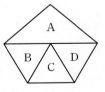

21 ✪✪

1000원짜리 지폐 4장, 500원짜리 동전 3개, 100원짜리 동전 2개가 있을 때, 이들 전부 또는 일부를 사용하여 지불할 수 있는 금액의 수는? (단, 0원을 지불하는 것은 제외한다.)

① 31   ② 33   ③ 35
④ 37   ⑤ 39

22 ✪✪✪

1000원짜리 지폐 2장, 500원짜리 동전 4개, 100원짜리 동전 3개가 있다. 이들 전부 또는 일부를 사용하여 지불할 수 있는 방법의 수를 a, 지불할 수 있는 금액의 수를 b라고 할 때, $a-b$의 값은? (단, 0원을 지불하는 것은 제외한다.)

① 24   ② 26   ③ 28
④ 30   ⑤ 32

▶ $_nP_r$의 계산

23 ☆

비례식 $_nP_4 : _nP_2 = 6 : 1$을 만족시키는 자연수 n의 값은?

① 4   ② 5   ③ 6
④ 7   ⑤ 8

24 ☆

$_{n+2}P_3 - _{n+1}P_2 = 81_nP_1$을 만족시키는 자연수 n의 값은?

① 6   ② 7   ③ 8
④ 9   ⑤ 10

25 ☆☆

학생 수가 n명인 소연이네 반에서 회장 1명, 부회장 1명을 선출하는 방법의 수가 156일 때, n의 값은?

① 11   ② 12   ③ 13
④ 14   ⑤ 15

▶ 순열의 수 (1)

26 ☆

뽑혀진 9명의 야구 선수 중에서 주장과 부주장을 선출하는 경우의 수는?

① 48   ② 56   ③ 64
④ 72   ⑤ 90

27 ☆

정운이를 포함한 4명의 학생이 턱걸이 시합을 할 때, 정운이가 1등을 할 경우의 수는?

(단, 순위가 같은 경우는 발생하지 않는다.)

① 3   ② 4   ③ 6
④ 18   ⑤ 24

28 ☆

FRIEND의 6개의 문자를 일렬로 나열할 때, F와 D가 서로 이웃하는 경우의 수는?

① 120   ② 180   ③ 240
④ 300   ⑤ 360

29 ☆☆

서로 다른 수학책 3권, 국어책 2권, 역사책 4권을 일렬로 나열할 때, 수학책은 수학책끼리 역사책은 역사책끼리 이웃하게 나열하는 방법의 수는?

① 576   ② 1152   ③ 2304

④ 3456   ⑤ 4608

30 ☆☆

남학생 5명과 여학생 3명을 한 줄로 세울 때, 여학생끼리 서로 이웃하지 않도록 세우는 경우의 수는?

① 1440   ② 3600   ③ 7200

④ 10800   ⑤ 14400

31 ☆☆ 서술형 ✏

6개의 문자 A, B, C, D, E, F를 일렬로 나열할 때, 세 개의 문자 A, B, C가 어느 두 개도 이웃하지 않도록 나열하는 방법의 수를 구하시오.

32 ☆☆

남자 아이돌 그룹 3명의 멤버와 여자 아이돌 그룹 3명의 멤버가 한 줄로 서서 공연을 하려고 한다. 남자와 여자가 교대로 서는 경우의 수는?

① 36   ② 48   ③ 60

④ 72   ⑤ 84

33 ☆☆ [교육청]

할머니, 아버지, 어머니, 아들, 딸로 구성된 5명의 가족이 있다. 이 가족이 다음 그림과 같이 번호가 적힌 5개의 의자에 모두 앉을 때, 아버지, 어머니가 모두 홀수 번호가 적힌 의자에 앉는 경우의 수는?

① 28   ② 30   ③ 32

④ 34   ⑤ 36

34 ☆☆☆

HOSPITAL의 모든 문자를 일렬로 나열할 때, H와 S 사이에 3개의 문자가 들어 있는 경우의 수는?

① 960   ② 1920   ③ 2930

④ 4395   ⑤ 5760

▶ 순열의 수 (2)

35 ⊙⊙

남자 3명과 여자 3명이 한 줄로 설 때, 적어도 한 쪽 끝에 여자가 서는 경우의 수는?

① 576   ② 612   ③ 648
④ 684   ⑤ 720

36 ⊙⊙

A, B, C, D, E, F의 6개의 문자를 일렬로 나열할 때, A, B, C 중에서 적어도 2개가 이웃하도록 나열하는 방법의 수는?

① 528   ② 540   ③ 552
④ 564   ⑤ 576

37 ⊙

여섯 개의 숫자 0, 1, 2, 3, 4, 5에서 서로 다른 네 개의 숫자를 사용하여 만들 수 있는 네 자리의 자연수의 개수는?

① 300   ② 320   ③ 340
④ 360   ⑤ 380

38 ⊙⊙ 서술형 ✏

0, 1, 2, 3, 4, 5, 6에서 서로 다른 3개의 숫자를 택하여 만든 세 자리의 정수 중에서 5의 배수의 개수를 구하시오.

39 ⊙⊙

1, 2, 3, 4, 5의 5개의 숫자를 모두 사용하여 다섯 자리의 자연수를 만들 때, 34000보다 큰 수의 개수는?

① 54   ② 60   ③ 66
④ 72   ⑤ 78

40 ⊙⊙⊙

A, B, C, D, E의 5개의 문자를 사전식으로 배열할 때, 98번째 단어의 마지막 문자는?

① A   ② B   ③ C
④ D   ⑤ E

41 ⊙⊙⊙

집합 $X = \{a, b, c, d, e\}$에 대하여 함수 $f : X \longrightarrow X$ 중에서 $f(a) \neq b$이고 일대일대응인 함수 f의 개수는?

① 72   ② 78   ③ 84
④ 90   ⑤ 96

▶ $_nC_r$의 계산

42 ☆

$_{n+2}C_n - _{n+1}C_{n-1} = 9$을 만족시키는 자연수 n의 값은?

① 7   ② 8   ③ 9

④ 10   ⑤ 11

43 ☆☆

등식 $_{15}C_{r+2} = _{15}C_{2r-5}$를 만족시키는 모든 자연수 r의 값의 합은?

① 11   ② 12   ③ 13

④ 14   ⑤ 15

44 ☆☆

다음은 $1 \le r < n$일 때, 등식 $_nC_r = _{n-1}C_r + _{n-1}C_{r-1}$이 성립함을 증명하는 과정이다.

┌─ 증명 ──────────
$_{n-1}C_r + _{n-1}C_{r-1}$

$= \dfrac{(n-1)!}{r!(n-r-1)!} + \dfrac{(n-1)!}{(r-1)!(n-r)!}$

$= \dfrac{(\boxed{(가)}) \times (n-1)!}{r!(n-r)!} + \dfrac{\boxed{(나)} \times (n-1)!}{r!(n-r)!}$

$= \dfrac{\boxed{(다)} \times (n-1)!}{r!(n-r)!}$

$= \dfrac{n!}{r!(n-r)!} = _nC_r$

따라서 $_nC_r = _{n-1}C_r + _{n-1}C_{r-1}$
└──────────────

위의 증명에서 (가), (나), (다)에 알맞은 식의 합은?

① n ② $2n$ ③ r

④ $2r$ ⑤ 0

▶ 조합의 수 (1)

45 ☆

선진국과 신흥 국가간의 경제 협력 회의인 G20이 2010년 서울에서 개최되었다. 20개국의 모든 정상들이 꼭 한 번씩 악수를 한다고 할 때, 악수를 하는 총 횟수는?

① 190   ② 250   ③ 380

④ 420   ⑤ 500

46 ☆

8개의 팀으로 이루어진 어떤 프로 축구 리그에서 각 팀들은 한 시즌에 다른 7개의 팀들과 각각 4경기씩 치르게 되어 있다. 총 경기 수는?

① 88   ② 96   ③ 104

④ 112   ⑤ 120

47 ☆

14종류의 과일이 있는 과일 가게에서 딸기, 키위, 메론을 포함하여 6종류의 과일을 골라 살 수 있는 경우의 수는?

① 150   ② 155   ③ 160

④ 165   ⑤ 170

48 ✪✪

서로 다른 맛의 사탕 6개와 서로 다른 맛의 아이스크림 5개, 서로 다른 맛의 초콜릿 4개가 있다. 이 중에서 사탕 3개, 아이스크림 2개, 초콜릿 1개를 택하는 경우의 수는?

① 400   ② 500   ③ 600

④ 700   ⑤ 800

49 ✪✪

5개의 숫자 1, 2, 3, 4, 5에서 서로 다른 3개의 숫자를 택하여 만들 수 있는 세 자리 자연수 중에서 5를 반드시 포함하고 1을 포함하지 않는 것의 개수는?

① 18   ② 19   ③ 20

④ 21   ⑤ 22

50 ✪✪

0에서 9까지의 정수가 각각 하나씩 적힌 10개의 공 중에서 3개를 뽑을 때, 3 이하의 자연수가 적힌 공이 적어도 1개 나오는 경우의 수는?

① 75   ② 80   ③ 85

④ 90   ⑤ 95

51 ✪✪

여학생 6명과 남학생 3명으로 구성된 댄스 동아리 회원 중에서 대회에 참가할 3명의 학생을 뽑을 때, 여학생과 남학생이 적어도 한 명씩은 포함되도록 하는 방법의 수는?

① 61   ② 62   ③ 63

④ 64   ⑤ 65

▶ **조합의 수 (2)**

52 ✪✪

여자 4명, 남자 6명 중에서 여자 2명과 남자 3명을 뽑아 일렬로 세우는 방법의 수는?

① 1800   ② 3600   ③ 7200

④ 14400   ⑤ 28800

53 ✪✪

1부터 7까지의 자연수 중에서 서로 다른 4개의 숫자를 사용하여 네 자리의 비밀번호를 만들려고 한다. 이때 홀수 3개와 짝수 1개로 만들 수 있는 비밀번호의 개수는?

① 144   ② 216   ③ 288

④ 360   ⑤ 432

54 ✪✪✪

할머니, 아버지, 어머니, 예은, 철수가 자동차를 타고 여행을 가려고 한다. 이 자동차의 앞줄에는 운전석 1개와 보조석 1개가 있고 뒷줄에는 3개의 좌석이 있다. 운전석에는 아버지나 어머니만 앉을 수 있고, 할머니는 뒷자석에만 앉을 수 있을 때, 가족 5명이 모두 좌석에 앉는 방법의 수는?

① 30   ② 32   ③ 34
④ 36   ⑤ 38

55 ✪✪✪

집합 $A = \{0, 1, 2, 3, 4, 5\}$에 대하여 $f(0) < f(1) < f(2)$를 만족시키는 일대일함수 $f : A \longrightarrow A$의 개수는?

① 80   ② 100   ③ 120
④ 140   ⑤ 160

56 ✪

오른쪽 그림과 같이 3개의 평행선과 5개의 평행선이 서로 만나고 있다. 이 평행선으로 만들 수 있는 평행사변형의 개수는?

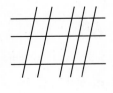

① 10   ② 20   ③ 30
④ 40   ⑤ 50

57 ✪✪

오른쪽 그림과 같이 삼각형 위에 10개의 점이 있다. 이 중에서 세 점을 꼭짓점으로 하는 삼각형의 개수는?

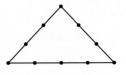

① 100   ② 101   ③ 102
④ 103   ⑤ 104

58 ✪✪

오른쪽 그림과 같이 9개의 점이 나열되어 있다. 이 중 세 점을 꼭짓점으로 하여 만들 수 있는 삼각형의 개수는?

① 36   ② 46
③ 56   ④ 66
⑤ 76

59 ✪✪✪ 서술형 ✏

오른쪽 그림과 같이 12개의 점이 가로와 세로의 간격이 일정하게 놓여 있을 때, 두 점을 택하여 만들 수 있는 서로 다른 직선의 개수를 구하시오.

60

오른쪽 그림과 같이 6개의 지점 A, B, C, D, E, F가 도로로 연결되어 있다. A지점을 출발하여 F지점에 도달하는 방법의 수는? (단, 출발점에서 도착점까지 갈 때, 같은 지점을 두 번 이상 지나지 않는다.)

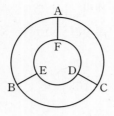

① 6   ② 7   ③ 8
④ 9   ⑤ 10

61 서술형

1, 2, 3, 4, 5, 6, 7의 자연수가 하나씩 적힌 7장의 카드 중에서 3장의 카드를 한 장씩 뽑을 때 나오는 수를 차례로 a, b, c라고 하자. 이때 $(a-b)(b-c)(c-a)=0$을 만족시키는 경우의 수를 구하시오.

(단, 뽑은 카드는 다시 집어 넣는다.)

62

다음 그림은 스위치가 닫히면 P에서 Q로 전류가 흐르는 회로이다. 이때 P에서 Q로 전류가 흐르는 경우의 수는?

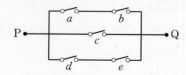

① 23   ② 25   ③ 27
④ 30   ⑤ 32

63

어머니와 아버지를 포함한 5명의 가족이 고속버스에 타려고 한다. 좌석이 오른쪽 그림과 같이 5자리만 남아 있다고 한다. 이때 어머니와 아버지가 붙은 좌석에 앉는 방법의 수는?

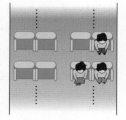

① 12   ② 18
③ 24   ④ 30
⑤ 36

64

서로 다른 한 자리 자연수 6개를 일렬로 나열할 때, 적어도 한쪽 끝에 홀수가 오도록 나열하는 방법의 수는 576이다. 이때 홀수의 개수는?

① 1   ② 2   ③ 3
④ 4   ⑤ 5

65

x에 대한 이차방정식 ${}_nC_1 x^2 + 2{}_nC_1 x + {}_nC_3 = 0$의 두 근을 α, β라고 할 때, $\alpha\beta=5$이다. 이때 자연수 n의 값은?

① 3   ② 5   ③ 7
④ 9   ⑤ 11

66

A, B, C, D, E, F의 6명이 제주도로 1박 2일 여행을 가서 잠자리 복불복을 통해 3명만 실내에서 자고, 기상 미션을 통해 3명만 아침을 먹기로 했다. 이때 A가 실내에서 자고, 아침을 굶게 될 경우의 수는?

① 20　　　　② 40　　　　③ 60

④ 80　　　　⑤ 100

67

두 집합

$A = \{1, 2, 3, 4, 5\}$,

$B = \{1, 3, 5, 7, 9, 11, 13\}$

에 대하여 다음 두 조건을 모두 만족시키는 함수

$f : A \longrightarrow B$의 개수는?

> (가) $f(3) = 9$
>
> (나) $a \in A$, $b \in A$일 때, $a < b$이면 $f(a) > f(b)$이다.

① 3　　　　② 6　　　　③ 9

④ 12　　　　⑤ 15

68

평면 위의 8개의 직선 중에서 세 개의 직선만이 서로 평행하고, 이 중 임의로 3개의 직선을 선택하였을 때, 이 세 직선은 한 점에서 만나지 않는다. 이때 이 직선들이 이루는 삼각형의 개수는?

① 37　　　　② 38　　　　③ 39

④ 40　　　　⑤ 41

69

다음 그림과 같은 표에서 알파벳 대문자 A, B, C를 이 표의 첫 번째 가로줄의 각 칸에 한 문자씩 배열하고, 알파벳 소문자 a, b, c를 두 번째 가로줄의 각 칸에 한 문자씩 배열할 때, 같은 알파벳 대문자, 소문자가 배열된 세로줄이 하나이거나 없는 표의 개수를 구하시오.

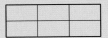

70

[교육청]

다음 그림과 같은 7개의 사물함 중 5개의 사물함을 남학생 3명과 여학생 2명에게 각각 1개씩 배정하려고 한다. 같은 층에서는 남학생의 사물함과 여학생의 사물함이 서로 이웃하지 않는다. 사물함을 배정하는 모든 경우의 수를 구하시오.

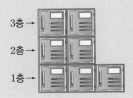

MEMO

우리들의
내신기출 문제집
고등수학
하

정답 및 해설

우리교과서

정답 및 해설

정답 및 해설

I 집합과 명제

01 집합

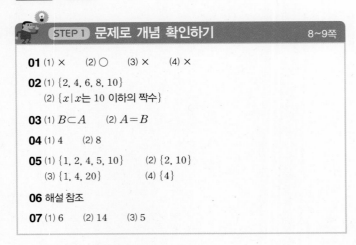

STEP 1 문제로 개념 확인하기   8~9쪽

01 (1) ×   (2) ○   (3) ×   (4) ×

02 (1) {2, 4, 6, 8, 10}
    (2) {x | x는 10 이하의 짝수}

03 (1) $B \subset A$ (2) $A = B$

04 (1) 4   (2) 8

05 (1) {1, 2, 4, 5, 10}   (2) {2, 10}
    (3) {1, 4, 20}   (4) {4}

06 해설 참조

07 (1) 6   (2) 14   (3) 5

---

01 (1) ×   (2) ○   (3) ×   (4) ×

02 (1) {2, 4, 6, 8, 10}
(2) {x | x는 10 이하의 짝수}

03 (1) $A = \{3, 6, 9, 12, 15, 18, \cdots\}$
    $B = \{6, 12, 18, \cdots\}$에서 $B \subset A$
(2) $x^2 = 1$에서 $x = \pm 1$이므로 $B = \{-1, 1\}$
    따라서 $A = B$

04 (1) 부분집합은 ∅, {0}, {2}, {0, 2}의 4개이다.
(2) 원소나열법으로 나타내면 {1, 3, 5}이므로 부분집합은
    ∅, {1}, {3}, {5}, {1, 3}, {1, 5}, {3, 5}, {1, 3, 5}
    의 8개이다.

05 (1) $A \cup B = \{1, 2, 4, 5, 10\}$
(2) $A \cap C = \{2, 10\}$
(3) $U = \{1, 2, 4, 5, 10, 20\}$이므로 $A^C = U - A = \{1, 4, 20\}$
(4) $B - C = \{4\}$

06 (1) $A - B = \{7, 9\}$
    또, $B^C = U - B = \{7, 9, 13\}$이므로 $A \cap B^C = \{7, 9\}$
    따라서 $A - B = A \cap B^C$
(2) $A \cup B = \{3, 5, 7, 9, 11\}$이므로 $(A \cup B)^C = \{13\}$
    또, $A^C = \{5, 13\}$, $B^C = \{7, 9, 13\}$이므로
    $A^C \cap B^C = \{13\}$
    따라서 $(A \cup B)^C = A^C \cap B^C$

(3) $A \cap B = \{3, 11\}$이므로
    $(A \cap B)^C = \{5, 7, 9, 13\}$
    또, $A^C = \{5, 13\}$, $B^C = \{7, 9, 13\}$이므로
    $A^C \cup B^C = \{5, 7, 9, 13\}$
    따라서 $(A \cap B)^C = A^C \cup B^C$

07 (1) $n(A \cap B) = n(A) + n(B) - n(A \cup B)$
              $= 11 + 14 - 19 = 6$
(2) $n(A^C) = n(U) - n(A)$
           $= 25 - 11 = 14$
(3) $n(A - B) = n(A) - n(A \cap B)$
           $= 11 - 6 = 5$

STEP 2 내신등급 쑥쑥 올리기   10~19쪽

01 ①	**02** ③	**03** ⑤	**04** ⑤	**05** ④
06 ⑤	**07** ⑤	**08** ⑤	**09** ③	**10** 해설 참조
11 ⑤	**12** ②	**13** ④	**14** ②	**15** ③
16 ③	**17** ⑤	**18** ②	**19** ③	**20** ⑤
21 ④	**22** 해설 참조	**23** ②	**24** ①	**25** ③
26 ③	**27** ④	**28** ①	**29** ④	**30** 해설 참조
31 ③	**32** ④	**33** ①	**34** ③	**35** 해설 참조
36 ⑤	**37** ③	**38** ②	**39** ⑤	**40** ④
41 ③	**42** 해설 참조	**43** ①	**44** ④	**45** ③
46 ②	**47** ②	**48** ④	**49** ②	**50** ②
51 ③	**52** 해설 참조	**53** ③	**54** ②	**55** ④
56 ⑤	**57** ①	**58** ④	**59** ④	**60** ⑤
61 ⑤	**62** 해설 참조	**63** ①		

01 짝수들의 모임은 2, 4, 6, 8, …로 그 대상이 분명하므로 집합이다.

02 $A = \{1, 2, 4, 8\}$
① $1 \in A$ (거짓)   ② $2 \in A$ (거짓)
③ $4 \in A$ (참)   ④ $6 \notin A$ (거짓)
⑤ $8 \in A$ (거짓)
따라서 옳은 것은 ③이다.

03 ① $0 \notin A$ (거짓)   ② $1 \notin A$ (거짓)   ③ $\dfrac{3}{2} \notin A$ (거짓)
④ 집합 A는 무한집합이다. (거짓)
⑤ $a \in A$이면 $0 < a < 1$이므로 $1 < \dfrac{1}{a}$, 즉 $\dfrac{1}{a} \notin A$ (참)
따라서 옳은 것은 ⑤이다.

04 집합 A의 두 원소 a, b에 대하여 $a+b$의 값을 구하면 오른쪽 표와 같다.

a \ b	-1	0	1
-1	-2	-1	0
0	-1	0	1
1	0	1	2

따라서 $B=\{-2, -1, 0, 1, 2\}$ 이므로 집합 B의 원소가 아닌 것은 ⑤ 3이다.

05 원소나열법으로 나타내어 보면 다음과 같다.
① $\{1, 3, 5, 7, \cdots\}$ (무한집합)
② $\{3, 6, 9, 12, \cdots\}$ (무한집합)
③ $\{6, 12, 18, 24, \cdots\}$ (무한집합)
④ $\{1, 2, 3, \cdots, 100\}$ (유한집합)
⑤ $\{1, 4, 7, 10, \cdots\}$ (무한집합)

06 ⑤ 1 미만의 수는 무수히 많으므로 집합 E는 무한집합이다.

07 ① $1 \notin A$ (거짓)
② $6 \in A$ (거짓)
③ $A=\{2, 4, 6, 8, 10\}$ (거짓)
④ $\{x \,|\, x<10$인 2의 배수$\}=\{2, 4, 6, 8\} \neq A$ (거짓)
따라서 옳은 것은 ⑤이다.

08 ① $n(A)=3$ (거짓)
② $n(\{1, 2, 3\})=3$ (거짓)
③ $n(\{a, b, c, d\})-n(\{a, b, c\})=4-3=1$ (거짓)
④ 집합의 원소의 개수가 같아도 다른 집합일 수 있다. (거짓)
⑤ $n(\{0, 1, 2\})-n(\{1, 2, 3\})=3-3=0$ (참)
따라서 옳은 것은 ⑤이다.

09 $A=\{10, 11, 12, 20, 21, 30\}$이므로
$n(A)=6$

10 ㉮ $A=\{i, -1, -i, 1\}$이고
㉯ $z \in A$이면 $z^2=-1$ 또는 $z^2=1$이므로 집합 A의 두 원소 z_1, z_2에 대하여 $z_1{}^2+z_2{}^2$의 값을 구하면 오른쪽 표와 같다.

$z_1{}^2$ \ $z_2{}^2$	-1	1
-1	-2	0
1	0	2

따라서 $B=\{-2, 0, 2\}$
㉰ 그러므로 $n(B)=3$

단계	채점 기준	배점 비율
㉮	집합 A를 원소나열법으로 나타내기	30%
㉯	집합 B를 원소나열법으로 나타내기	50%
㉰	$n(B)$의 값 구하기	20%

11 ⑤ 자기 자신은 자기 자신의 진부분집합이 아니다.

참고 두 집합 A, B에 대하여 집합 A가 집합 B의 부분집합이고 서로 같지 않을 때, 즉 $A \subset B$이고 $A \neq B$일 때, 집합 A를 집합 B의 **진부분집합**이라고 한다.

12 두 집합 A, B를 벤다이어그램으로 나타내면 오른쪽 그림과 같다.

13 ㄱ. $0 \in \{0\}$ 　　　　　 ㄴ. $\{0\} \not\subset \varnothing$
ㅁ. $\{a, b\} \subset \{a, b\}$
따라서 옳은 것은 ㄷ, ㄹ, ㅂ이다.

14 ① $A \not\subset B$, $B \not\subset A$　　② $A \subset B$
③ $A \not\subset B$, $B \subset A$　　④ $A \not\subset B$, $B \not\subset A$
⑤ $A \not\subset B$, $B \subset A$

15 $A=\{1, 2, 4\}$이고 $A \subset B$이므로 집합 A의 모든 원소 1, 2, 4가 집합 B에 속해야 한다.
따라서 ③ $\{1, 2, 4, 6\}$이 B가 될 수 있다.

16 ③ $A=B$인 경우에도 $A \subset B$이므로 $A \subset B$이면 $n(A) \leq n(B)$이다.

17 $A=B$이면 $A \subset B$이고 $B \subset A$이다.
⑤ A의 원소는 모두 B의 원소이다.

18 ㄱ. $A \not\subset B$이고 $B \subset A$이므로 $A \neq B$
ㄴ. $A=\{1, 2, 4\}$이므로 $A=B$
ㄷ. $A=\varnothing$이므로 $A \subset B$이고 $B \not\subset A$, 즉 $A \neq B$
ㄹ. $A=\{2, 3, 5, 7\}$이므로 $A=B$
따라서 두 집합 A, B가 서로 같은 것은 ㄴ, ㄹ이다.

19 24와 16의 공약수는 1, 2, 4, 8이다. 이들은 모두 8의 약수이고 8의 약수는 이들 뿐이다.
따라서 $a=8$

20 $x^2+x-12=0$에서 $(x+4)(x-3)=0$
$x=-4$ 또는 $x=3$
즉, $A=\{-4, 3\}$
$A \subset B$이고 $B \subset A$이므로 $A=B$
따라서 '$a=-4$이고 $b=3$' 또는 '$a=3$이고 $b=-4$'이므로
$a^2+b^2=25$

정답 및 해설

21 $A=\{2, 3, 5, 7\}$이므로 집합 A의 진부분집합의 개수는
$2^4-1=15$

22 ㉮ 집합 $A=\{1, 2, 3, 4, 5\}$의 부분집합의 개수는
$2^5=32$
㉯ 집합 A의 부분집합 중에서 홀수만을 원소로 갖는 부분집합의
개수는 $2^3-1=7$
㉰ 따라서 구하는 부분집합의 개수는
$32-7-1=24$

단계	채점 기준	배점 비율
㉮	집합 A의 부분집합의 개수 구하기	30%
㉯	집합 A의 부분집합 중에서 홀수만을 원소로 갖는 부분집합의 개수 구하기	30%
㉰	집합 A의 부분집합 중에서 적어도 한 개의 짝수를 원소로 갖는 부분집합의 개수 구하기	40%

23 집합 $A=\{2, 3, 4, 5, 6\}$의 부분집합 중에서 원소의 최솟값이 4인 부분집합은 집합 $\{5, 6\}$의 부분집합을 구하여 그 각각에 4를 넣으면 된다.
따라서 구하는 부분집합의 개수는 $2^2=4$

24 집합 X는 집합 A에서 원소 a를 제외한 집합 $\{b, c, d, e\}$의 부분집합 중 원소의 개수가 2인 집합이다.
따라서 집합 X는 $\{b, c\}$, $\{b, d\}$, $\{b, e\}$, $\{c, d\}$, $\{c, e\}$, $\{d, e\}$의 6개이다.

25 집합 X는 1을 원소로 가지는 $\{1, 2, 3, 4\}$의 부분집합이므로
$\{1\}$, $\{1, 2\}$, $\{1, 3\}$, $\{1, 4\}$, $\{1, 2, 3\}$, $\{1, 2, 4\}$, $\{1, 3, 4\}$, $\{1, 2, 3, 4\}$의 8개이다.

다른 풀이 집합 X는 집합 $\{1, 2, 3, 4\}$의 부분집합 중 1을 반드시 원소로 갖는 집합이므로 X의 개수는
$2^{4-1}=2^3=8$

26 조건을 만족시키는 집합은 집합 B에서 a와 b를 제외한 집합 $\{c, d, e\}$의 부분집합을 구하여 그 각각에 a를 넣으면 되므로
$\{a\}$, $\{a, c\}$, $\{a, d\}$, $\{a, e\}$, $\{a, c, d\}$, $\{a, c, e\}$, $\{a, d, e\}$, $\{a, c, d, e\}$의 8개이다.

다른 풀이 $2^{5-1-1}=2^3=8$

27 $A=\{3, 5, 6, 7\}$, $B=\{2, 5, 8\}$, $C=\{1, 2, 3, 6\}$
④ $(A\cup B)\cap C=\{2, 3, 6\}$

28 $U=\{1, 2, 3, 4, 5, 6, 7, 8, 9\}$이므로
$A-B^c=\{1, 3, 5, 7\}-\{1, 2, 4, 6, 8\}$
$=\{3, 5, 7\}$
따라서 집합 $A-B^c$의 모든 원소의 합은
$3+5+7=15$

다른 풀이 $A-B^c=A\cap(B^c)^c=A\cap B=\{3, 5, 7\}$
따라서 집합 $A-B^c$의 모든 원소의 합은 $3+5+7=15$

29
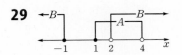
④ $A-B=\{x\,|\,1\leq x\leq 2\}$

30 ㉮ $A\cup B=\{1, 2, 3, 5\}$이므로
$(A\cup B)^c=\{4, 6\}$ ……㉠
㉯ $A=\{1, 2, 3\}$, $B^c=\{1, 2, 4, 6\}$이므로
$A-B^c=\{3\}$ ……㉡
㉰ ㉠, ㉡에서
$(A\cup B)^c\cup(A-B^c)=\{4, 6\}\cup\{3\}$
$=\{3, 4, 6\}$

단계	채점 기준	배점 비율
㉮	$(A\cup B)^c$ 구하기	40%
㉯	$A-B^c$ 구하기	40%
㉰	$(A\cup B)^c\cup(A-B^c)$ 구하기	20%

31 $U=\{1, 2, 3, 4, 5, 6, 7, 8, 9\}$,
$(A\cup B)^c=\{3, 9\}$, $A\cap B=\{5\}$,
$A\cap B^c=\{2, 4, 8\}$
이므로 주어진 조건을 벤다이어그램으로 나타내면 오른쪽 그림과 같다.
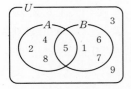
따라서 $B=\{1, 5, 6, 7\}$이므로 집합 B의 모든 원소의 합은
$1+5+6+7=19$

32 ① $(A\cup C)\cap B$
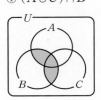
② $B-(A\cup C)$

③ $B\cap(A-C)$
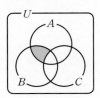
④ $B-(A-C)$

⑤ $B-(A\cap C)$

따라서 주어진 벤다이어그램의 색칠한 부분이 나타내는 집합은 ④이다.

33 $U=\{1, 3, 5, 7, 9\}$이고 조건 ㈏에서 $A\subset\{1, 3, 9\}$이므로 주어진 조건을 벤다이어그램으로 나타내면 다음과 같다.

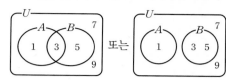

따라서 $A-B=\{1\}$

34 $A\cap B=\{0, 2\}$에서 $2\in A$이므로
$a^2+1=2$, $a^2=1$
$a=-1$ 또는 $a=1$
(i) $a=-1$일 때
$A=\{0, 2, 3\}$, $B=\{0, 1, 2\}$
즉, $A\cap B=\{0, 2\}$
(ii) $a=1$일 때
$A=\{0, 2, 3\}$, $B=\{1, 2, 4\}$
즉, $A\cap B=\{2\}$
따라서 (i), (ii)에 의해 $a=-1$

35 ㉮ $A\cup B=\{0, 1, 2, 4\}$에서 $0\in A$ 또는 $4\in A$이므로
$\qquad a+2=0$ 또는 $a+2=4$
$\qquad a=-2$ 또는 $a=2$
$\qquad$ (i) $a=-2$일 때
$\qquad\quad A=\{0, 1, 2\}$, $B=\{0, 2, 5\}$
$\qquad\quad$ 즉, $A\cup B=\{0, 1, 2, 5\}$
$\qquad$ (ii) $a=2$일 때
$\qquad\quad A=\{1, 2, 4\}$, $B=\{0, 1, 2\}$
$\qquad\quad$ 즉, $A\cup B=\{0, 1, 2, 4\}$
$\qquad\quad$ 따라서 (i), (ii)에 의해 $a=2$
㉯ 이때 $B=\{0, 1, 2\}$이므로
㉰ 집합 B의 모든 원소의 합은
$\qquad 0+1+2=3$

단계	채점 기준	배점 비율
㉮	a의 값 구하기	60%
㉯	집합 B 구하기	20%
㉰	집합 B의 모든 원소의 합 구하기	20%

36 $2\in A$, $2\notin[(A\cup B)-(A\cap B)]$이므로
$2\in(A\cap B)$
이때 $2\in B$이므로 $-a+2=2$ 또는 $a=2$
$a=0$ 또는 $a=2$
(i) $a=0$일 때
$A=\{-1, 2, 3\}$, $B=\{0, 2, 3\}$
즉, $(A\cup B)-(A\cap B)=\{-1, 0\}$

(ii) $a=2$일 때
$A=\{1, 2, 3\}$, $B=\{0, 2, 3\}$
즉, $(A\cup B)-(A\cap B)=\{0, 1\}$
따라서 (i), (ii)에 의해 $a=2$

37 두 집합 A, B가 서로소이므로 $A\cap B=\varnothing$
따라서 $B\cap(B-A)=B\cap B=B$

38 ㄱ. $A=\{1, 2\}$, $B=\{1, 2\}$이므로
$\qquad A\cap B=\{1, 2\}$
$\qquad$ 즉, 두 집합 A, B는 서로소가 아니다.
ㄴ. $A=\{-1, 0, 1\}$,
$\qquad B=\{\cdots, -3, -2, 2, 3, \cdots\}$이므로
$\qquad A\cap B=\varnothing$
$\qquad$ 즉, 두 집합 A, B는 서로소이다.
ㄷ. $A=\{2, 3, 5, 7\}$, $B=\{2, 4, 6, 8\}$이므로
$\qquad A\cap B=\{2\}$
$\qquad$ 즉, 두 집합 A, B는 서로소가 아니다.
따라서 서로소인 것은 ㄴ이다.

39 두 집합 A, B가 서로소, 즉 $A\cap B=\varnothing$이면 오른쪽 그림과 같아야 하므로
$3k\leq 2k+2$, $k\leq 2$
따라서 정수 k의 최댓값은 2이다.

40 $\{1\}\cap X\ne\varnothing$이므로 $1\in X$이어야 한다.
따라서 집합 X는 집합 A의 부분집합 중 1을 원소로 갖는 집합이므로 집합 X의 개수는
$2^{4-1}=2^3=8$

41 $A\cap B=\varnothing$이므로 $1\notin B$, $3\notin B$이어야 한다.
따라서 집합 B는 전체집합 U의 부분집합 중 1, 3을 원소로 갖지 않는 집합이므로 집합 B의 개수는
$2^{4-2}=2^2=4$

42 ㉮ $A\cup X=A$이므로 $X\subset A$ $\quad$……㉠
$\qquad (A-B)\cup X=X$이므로 $(A-B)\subset X$ $\quad$……㉡
$\qquad$ ㉠, ㉡에 의하여 $(A-B)\subset X\subset A$
㉯ 이때 $A-B=\{1, 4, 8\}$이므로
$\qquad \{1, 4, 8\}\subset X\subset\{1, 2, 4, 6, 8, 10\}$
$\qquad$ 즉, 집합 X는 집합 A의 부분집합 중 1, 4, 8을 반드시 원소로 갖는 집합이다.
㉰ 따라서 집합 X의 개수는 $2^{6-3}=2^3=8$

단계	채점 기준	배점 비율
㉮	세 집합 A, X, $A-B$ 사이의 포함 관계 파악하기	40%
㉯	집합 X의 조건 파악하기	30%
㉰	집합 X의 개수 구하기	30%

43 오른쪽 그림에서
$A=\{2, 3, 5, 9, 10\}$
따라서 집합 A의 부분집합의 개수는
$2^5=32$

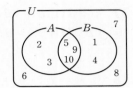

44 집합 U의 부분집합 C가 $\{2, 3, 5, 7, 9\}\cup C=\{1, 3, 9\}\cup C$를 만족시키므로 집합 C는 두 집합 $\{2, 3, 5, 7, 9\}$, $\{1, 3, 9\}$에서 공통인 원소 3, 9를 제외한 나머지 원소 1, 2, 5, 7을 반드시 원소로 가져야 한다.
따라서 집합 C의 개수는 $2^{10-4}=2^6=64$

45 $X\cup A=X-B$에서
$X\cup\{1, 2\}=X-\{3, 5, 8\}$ ······㉠
㉠을 만족시키려면 $3\notin X$, $5\notin X$, $8\notin X$이어야 하므로
$X-\{3, 5, 8\}=X$
이때 ㉠에서 $X\cup\{1, 2\}=X$이므로 $\{1, 2\}\subset X$
즉, $1\in X$, $2\in X$
따라서 집합 X는 전체집합 U의 부분집합 중 1, 2를 원소로 갖고, 3, 5, 8을 원소로 갖지 않는 집합이므로 집합 X의 개수는
$2^{8-2-3}=2^3=8$

46 $A\cup(B\cap C)=(A\cup B)\cap(A\cup C)$
$\qquad\qquad\quad=\{1, 2, 3\}\cap\{1, 3, 5, 7\}$
$\qquad\qquad\quad=\{1, 3\}$
따라서 집합 $A\cup(B\cap C)$의 모든 원소의 합은
$1+3=4$

47 $\{A-(B-A^c)^c\}\cup(A-B)$
$=\{A\cap(B-A^c)\}\cup(A-B)$
$=\{A\cap(B\cap A)\}\cup(A\cap B^c)$
$=(A\cap B)\cup(A\cap B^c)$
$=A\cap(B\cup B^c)$
$=A\cap U=A$

> **참고** $(A\cap B)\subset A$이므로 $A\cap(B\cap A)=A\cap B$

48 $(A^c\cap B)\cup(A\cup B)^c$ ⎰ 드모르간의 법칙
$=(A^c\cap B)\cup(A^c\cap B^c)$ ⎱ 분배법칙
$=A^c\cap(B\cup B^c)$
$=A^c\cap\boxed{U}=A^c$

49 ① $A^c-B=A^c\cap B^c=(A\cup B)^c$ (참)
② $A\cup(A^c\cap B)=(A\cup A^c)\cap(A\cup B)$
$\qquad\qquad\qquad\quad=U\cap(A\cup B)$
$\qquad\qquad\qquad\quad=A\cup B$ (거짓)
③ $(A-B)\cup(B-A^c)=(A\cap B^c)\cup(A\cap B)$
$\qquad\qquad\qquad\qquad=A\cap(B^c\cup B)$
$\qquad\qquad\qquad\qquad=A\cap U=A$ (참)
④ $(A\cup B)\cap(A^c\cap B^c)=(A\cup B)\cap(A\cup B)^c$
$\qquad\qquad\qquad\qquad\quad=\varnothing$ (참)
⑤ $(A-B)\cap(A-C)=(A\cap B^c)\cap(A\cap C^c)$
$\qquad\qquad\qquad\qquad=A\cap(B^c\cap C^c)$
$\qquad\qquad\qquad\qquad=A\cap(B\cup C)^c$
$\qquad\qquad\qquad\qquad=A-(B\cup C)$ (참)
따라서 등식이 성립하지 않는 것은 ②이다.

50 $A^c-B^c=\varnothing$에서 $A^c\cap B=\varnothing$
즉, $B-A=\varnothing$이므로 $B\subset A$
ㄱ. $A-B\neq\varnothing$ (거짓)
ㄴ. $A\cap B=B$ (참)
ㄷ. $A\cup B^c=U$ (참)
ㄹ. $A\not\subset B^c$ (거짓)
따라서 옳은 것은 ㄴ, ㄷ이다.

51 $\{(A\cap B)\cup(A-B)\}\cap B=B$에서
$(A\cap B)\cup(A-B)=(A\cap B)\cup(A\cap B^c)$
$\qquad\qquad\qquad\quad=A\cap(B\cup B^c)$
$\qquad\qquad\qquad\quad=A\cap U=A$
즉, $A\cap B=B$이므로 $B\subset A$
① $A\cap B=B$ (거짓)
② $B-A=\varnothing$ (참)
③ $A\cup B^c=U$ (거짓)
④ $A\cup B=A$ (거짓)
⑤ $U-B=B^c$ (거짓)
따라서 옳은 것은 ②이다.

52 ㉮ $(A-B)\cup(A^c\cap B^c)=(A\cap B^c)\cup(A^c\cap B^c)$
$\qquad\qquad\qquad\qquad\quad=(A\cup A^c)\cap B^c$
$\qquad\qquad\qquad\qquad\quad=U\cap B^c=B^c$
㉯ 이때 $B=\{1, 4, 7\}$이므로
$\quad B^c=\{2, 3, 5, 6, 8, 9, 10\}$
㉰ 따라서 집합 $(A-B)\cup(A^c\cap B^c)$의 원소의 개수는 7이다.

단계	채점 기준	배점 비율
㉮	집합 $(A-B)\cup(A^c\cap B^c)$을 간단히 하기	40%
㉯	집합 $(A-B)\cup(A^c\cap B^c)$을 원소나열법으로 나타내기	30%
㉰	원소의 개수 구하기	30%

53 $(A-B)\cup(B-C)\cup(C-A)=\varnothing$에서
$A-B=\varnothing$, $B-C=\varnothing$, $C-A=\varnothing$
따라서 $B\cup(C\cap A^c)=B\cup(C-A)=B\cup\varnothing=B$

54 $\{(A-B^c)\cup(A^c\cup B)^c\}\cup B$
$=\{(A\cap B)\cup(A\cap B^c)\}\cup B$
$=\{A\cap(B\cup B^c)\}\cup B$
$=(A\cap U)\cup B$
$=A\cup B$
즉, $A\cup B=B$이므로 $A\subset B$
따라서 집합 A, B 사이의 관계를 벤다이어그램으로 바르게 나타낸 것은 ②이다.

55 $(A_8\cup A_{16})\cap(A_{12}\cup A_{36})=A_8\cap A_{12}=A_{24}$

56 집합 $B=\{3, 4, 5, 7, 9\}$이고
$A\triangle B=(A-B)\cup(B-A)$
$\qquad\qquad=\{1, 2, 3, 5, 6, 9\}$
이므로 벤다이어그램으로 나타내면
오른쪽 그림과 같다.

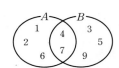

따라서 $A=\{1, 2, 4, 6, 7\}$이므로 집합 A의 모든 원소의 합은
$1+2+4+6+7=20$

참고 $(A-B)\cup(B-A)$를 대칭차집합이라 하고, 집합의 연산법칙을 이용하여 다음과 같이 여러 가지로 표현할 수 있다.
$(A-B)\cup(B-A)=(A\cup B)-(A\cap B)$
$\qquad\qquad\qquad=(A\cup B)\cap(A\cap B)^c$
$\qquad\qquad\qquad=(A\cap B^c)\cup(B\cap A^c)$

57 ① $A*\varnothing=(A\cup\varnothing)^c\cup(A\cap\varnothing)=A^c\cup\varnothing=A^c$ (거짓)
② $A*U=(A\cup U)^c\cup(A\cap U)=U^c\cup A$
$\qquad=\varnothing\cup A=A$ (참)
③ $A*A^c=(A\cup A^c)^c\cup(A\cap A^c)=U^c\cup\varnothing$
$\qquad=\varnothing\cup\varnothing=\varnothing$ (참)
④ $A*B=(A\cup B)^c\cup(A\cap B)$
$\qquad=(B\cup A)^c\cup(B\cap A)=B*A$ (참)
⑤ $A*B^c=(A\cup B^c)^c\cup(A\cap B^c)=(A^c\cap B)\cup(A^c\cup B)^c$
$\qquad=(A^c\cup B)^c\cup(A^c\cap B)$
$\qquad=A^c*B$ (참)
따라서 옳지 않은 것은 ①이다.

58 $n(A^c\cap B^c)=n((A\cup B)^c)=12$이므로
$n(A\cup B)=n(U)-n((A\cup B)^c)$
$\qquad\qquad=50-12=38$
$n(A\cup B)=n(A)+n(B)-n(A\cap B)$에서
$n(A)+n(B)=n(A\cup B)+n(A\cap B)$
$\qquad\qquad=38+13=51$

59 $n(A^c\cap B^c)=n((A\cup B)^c)$
$\qquad\qquad=n(U)-n(A\cup B)$
이므로 $6=20-n(A\cup B)$
$n(A\cup B)=14$
$n(A\cup B)=n(A)+n(B)-n(A\cap B)$에서
$14=n(A)+5-n(A\cap B)$
$n(A)-n(A\cap B)=9$
따라서 $n(A-B)=n(A)-n(A\cap B)=9$

60 (i) $n(A\cup B)$는 $A\cup B=U$일 때 최댓값을 가지므로
$n(A\cup B)$의 최댓값은
$M=n(U)=30$
(ii) $n(A\cup B)$는 $B\subset A$일 때 최솟값을 가지므로 $n(A\cup B)$의 최솟값은
$m=n(A)=18$
따라서 $M-m=30-18=12$

61 전체 학생의 집합을 U, 초코우유를 좋아하는 학생의 집합을 A, 딸기우유를 좋아하는 학생의 집합을 B라고 하면
$n(U)=30$, $n(A)=10$, $n(A\cap B)=5$, $n(A^c\cap B^c)=8$
$n(A^c\cap B^c)=n((A\cup B)^c)$
$\qquad\qquad=n(U)-n(A\cup B)$
이므로 $8=30-n(A\cup B)$
$n(A\cup B)=22$
$n(A\cup B)=n(A)+n(B)-n(A\cap B)$에서
$22=10+n(B)-5$, $n(B)=17$
따라서 딸기우유만을 좋아하는 학생 수는
$n(B-A)=n(B)-n(A\cap B)$
$\qquad\qquad=17-5=12$

62 ㉮ 조사한 전체 학생의 집합을 U, A, B 사이트에 회원 가입한 학생의 집합을 각각 A, B라고 하면
$n(U)=100$, $n(A)=43$, $n(B)=54$, $n(A\cap B)=13$
㉯ 이때 $n(A\cup B)=n(A)+n(B)-n(A\cap B)$
$\qquad\qquad\qquad=43+54-13=84$
이므로
㉰ $n(A^c\cap B^c)=n((A\cup B)^c)$
$\qquad\qquad\qquad=n(U)-n(A\cup B)$
$\qquad\qquad\qquad=100-84=16$
따라서 A, B 사이트 모두 가입하지 않은 학생 수는 16이다.

단계	채점 기준	배점 비율
㉮	주어진 조건을 집합으로 나타내기	20%
㉯	A 또는 B 사이트에 가입한 학생 수 구하기	40%
㉰	A, B 사이트에 모두 가입하지 않은 학생 수 구하기	40%

63 기타, 드럼, 키보드를 연주할 수 있는 회원의 집합을 각각 A, B, C라고 하면

$n(A)=21$, $n(B)=18$, $n(C)=25$, $n(A\cup B\cup C)=40$

두 악기만 연주할 수 있는 회원 수가 12이므로

$n(A\cap B)+n(B\cap C)+n(C\cap A)=12+3\times n(A\cap B\cap C)$

$n(A\cup B\cup C)=n(A)+n(B)+n(C)-n(A\cap B)$
$\qquad\qquad\qquad\qquad -n(B\cap C)-n(C\cap A)+n(A\cap B\cap C)$

에서 $40=21+18+25-12-2\times n(A\cap B\cap C)$

$2\times n(A\cap B\cap C)=12$, $n(A\cap B\cap C)=6$

따라서 세 악기 모두 연주할 수 있는 회원 수는 6이다.

STEP 3 내신 100점 잡기 20~21쪽

64 ⑤	**65** ⑤	**66** ④	**67** ⑤	**68** ①
69 ②	**70** ④	**71** ②	**72** ②	

64 $x\in A$, $y\in A$에 대하여 $x+y$의 값을 구하면 【표 1】과 같으므로
$B=\{-2, -1, 0, 1, 2\}$

$x\in A$, $y\in A$에 대하여 $xy+1$의 값을 구하면 【표 2】와 같으므로
$C=\{0, 1, 2\}$

$x\in A$, $y\in A$에 대하여 x^2+y^2의 값을 구하면 【표 3】과 같으므로
$D=\{0, 1, 2\}$

x＼y	-1	0	1
-1	-2	-1	0
0	-1	0	1
1	0	1	2

【표 1】

x＼y	-1	0	1
-1	2	1	0
0	1	1	1
1	0	1	2

【표 2】

x^2＼y^2	1	0
1	2	1
0	1	0

【표 3】

따라서 $C=D\subset B$

65 $x\in A$이면 $\dfrac{18}{x}\in A$이므로 x는 18의 약수이다.

$1\in A$이면 $18\in A$이고, $18\in A$이면 $1\in A$

$2\in A$이면 $9\in A$이고, $9\in A$이면 $2\in A$

$3\in A$이면 $6\in A$이고, $6\in A$이면 $3\in A$

즉, 1과 18, 2와 9, 3과 6은 쌍으로 집합 A의 원소이어야 하므로
집합 A가 될 수 있는 것은

$\{1, 18\}$, $\{2, 9\}$, $\{3, 6\}$, $\{1, 2, 9, 18\}$,

$\{1, 3, 6, 18\}$, $\{2, 3, 6, 9\}$, $\{1, 2, 3, 6, 9, 18\}$이다.

따라서 $n(A)=4$인 집합 A는 3개가 있다.

66 ① 조건 ㈎에서 $x\in A$이면 $x\in B$이므로 $A\subset B$ (참)

② 조건 ㈏에서 $x\notin B$이면 $x\notin C$이므로 $B^C\subset C^C$

　즉, $C\subset B$ (참)

③ 조건 ㈐에서 $x\in A$이면 $x\notin C$이므로 $A\subset C^C$

　즉, $C\subset A^C$ (참)

④ 조건 ㈏에서 $C\subset B$이므로 $B\cap C=C$ (거짓)

⑤ 조건 ㈎, ㈏에서 $(A\cup C)\subset B$ (참)

따라서 옳지 않은 것은 ④이다.

67 집합 B의 원소가 자연수이므로 a_1, a_2, a_3, a_4는 완전제곱수이다.

즉, 집합 A의 원소는 집합 B의 각 원소를 제곱한 것이므로

$a_1+a_2=13$에서 $a_1=4$, $a_2=9$ ($a_1<a_2$에 의해)

이때 $A\cap B=\{a_1, a_2\}=\{4, 9\}$이므로

$4\in B$, $9\in B$에서 $4^2\in A$, $9^2\in A$

즉, $A=\{4, 9, 16, 81\}$

따라서 $a_3<a_4$이므로 $a_3=16$, $a_4=81$

68 ㄱ. $A_2=\{x|x$는 2와 서로소인 자연수$\}=\{1, 3, 5, 7, \cdots, 99\}$

　$A_8=\{x|x$는 8과 서로소인 자연수$\}=\{1, 3, 5, 7, \cdots, 99\}$

　즉, $A_2=A_8$ (참)

ㄴ. $A_6=\{x|x$는 6과 서로소인 자연수$\}$에서 6은 2와 3의 공배수이므로 A_6은 2, 3과 서로소인 자연수의 집합이다.

　즉, $A_2\not\subset A_6$ (거짓)

ㄷ. ㄱ에서 $A_2=A_8$이므로 $A_6=A_3\cap A_2=A_3\cap A_8$ (참)

ㄹ. $A_{12}=\{x|x$는 12와 서로소인 자연수$\}$에서 12는 3과 4의 공배수이므로 A_{12}는 3, 4와 서로소인 자연수인 집합이다.

　즉, $A_{12}=A_3\cap A_4$ (거짓)

따라서 옳은 것은 ㄱ, ㄷ이다.

69 집합 $B=\{x|2x^2-8x+c=0\}$의 모든 원소의 합은

이차방정식의 근과 계수의 관계에 의하여 $-\dfrac{-8}{2}=4$이다.

이때 $A\cap B=\{3\}$, $A\cup B=\{-3, 1, 3\}$이므로 $B=\{1, 3\}$

즉, 이차방정식 $2x^2-8x+c=0$의 두 근이 1, 3이므로

근과 계수의 관계에 의하여 $\dfrac{c}{2}=1\times 3$, $c=6$

또, $A=\{-3, 3\}$이므로 이차방정식 $x^2+ax+b=0$의 두 근이 -3, 3이다.

이차방정식 $x^2+ax+b=0$의 근과 계수의 관계에 의하여

$-a=-3+3=0$, $b=(-3)\times 3=-9$, 즉 $a=0$, $b=-9$

따라서 $a+b+c=-3$

70 $(A\cup B)\cap X=X$에서 $X\subset(A\cup B)$ ······ ㉠

$(A-B)\cup X=X$에서 $(A-B)\subset X$ ······ ㉡

㉠, ㉡에 의하여 $(A-B)\subset X\subset(A\cup B)$

$\{4, 8\}\subset X\subset\{1, 2, 3, 4, 6, 8\}$

즉, 집합 X는 집합 $\{1, 2, 3, 4, 6, 8\}$의 부분집합 중 원소 $\{4, 8\}$을 원소로 갖는 집합이므로 원소의 개수가 짝수인 집합 X는
$\{4, 8\}$, $\{1, 2, 4, 8\}$, $\{1, 3, 4, 8\}$, $\{1, 4, 6, 8\}$
$\{2, 3, 4, 8\}$, $\{2, 4, 6, 8\}$, $\{3, 4, 6, 8\}$, $\{1, 2, 3, 4, 6, 8\}$
의 8개이다.

71 ① $A \triangle \varnothing = (A \cap \varnothing) \cup (A \cup \varnothing)^C$
$= \varnothing \cup A^C = A^C$ (참)

② $\varnothing \triangle B = (\varnothing \cap B) \cup (\varnothing \cup B)^C$
$= \varnothing \cup B^C = B^C$ (거짓)

③ $A \triangle B = (A \cap B) \cup (A \cup B)^C$
$= (B \cap A) \cup (B \cup A)^C = B \triangle A$ (참)

④ $A^C \triangle B^C = (A^C \cap B^C) \cup (A^C \cup B^C)^C$
$= (A \cup B)^C \cup (A \cap B)$
$= (A \cap B) \cup (A \cup B)^C$
$= A \triangle B$ (참)

⑤ $A \triangle B^C = (A \cap B^C) \cup (A \cup B^C)^C$
$= (A^C \cup B)^C \cup (A^C \cap B)$
$= (A^C \cap B) \cup (A^C \cup B)^C$
$= A^C \triangle B$ (참)

따라서 옳지 않은 것은 ②이다.

72 전체 학생의 집합을 U, 1번을 푼 학생의 집합을 A, 2번을 푼 학생의 집합을 B라고 하면
$n(U) = 60$, $n(A) = 30$, $n(B) = 35$
(i) $n(A \cap B)$가 최대일 때
$A \subset B$이어야 하므로 $n(A \cap B) = n(A) = 30$
(ii) $n(A \cap B)$가 최소일 때
$n(A \cup B) = n(A) + n(B) - n(A \cap B)$에서
$n(A \cup B)$가 최대일 때 $n(A \cap B)$가 최소이므로
$A \cup B = U$이어야 한다.
그러므로 $n(A \cap B) = n(A) + n(B) - n(U)$
$= 30 + 35 - 60 = 5$
따라서 (i), (ii)에 의해 $n(A \cap B)$의 최댓값은 30, 최솟값은 5이므로 두 수의 합은 $30 + 5 = 35$

73 ①   **74** ⑤

73 (i) $a_i = 1$일 때
집합 A_i의 개수는 원소 1을 반드시 포함하는 집합 S의 부분집합의 개수와 같으므로
$2^{5-1} = 2^4 = 16$

(ii) $a_i = 2$일 때
집합 A_i의 개수는 원소 2는 반드시 포함하고, 원소 1은 포함하지 않는 집합 S의 부분집합의 개수와 같으므로
$2^{5-1-1} = 2^3 = 8$

(iii) $a_i = 4$일 때
집합 A_i의 개수는 원소 4는 반드시 포함하고, 원소 1, 2는 포함하지 않는 집합 S의 부분집합의 개수와 같으므로
$2^{5-1-2} = 2^2 = 4$

(iii) $a_i = 8$일 때
집합 A_i의 개수는 원소 8은 반드시 포함하고, 원소 1, 2, 4는 포함하지 않는 집합 S의 부분집합의 개수와 같으므로
$2^{5-1-3} = 2$

(iv) $a_i = 16$일 때
집합 A_i는 $\{16\}$의 1개이다.
따라서 $a_1 + a_2 + a_3 + \cdots + a_{31}$
$= 1 \times 16 + 2 \times 8 + 4 \times 4 + 8 \times 2 + 16 \times 1$
$= 16 \times 5 = 80$

74 $A \cap B = \varnothing$, $A \cup B = U$이므로
$f(A) + f(B) = f(U)$
$= 1 + 2 + 3 + 4 + 5 + 6 + 7 + 8 = 36$
즉, $f(A) + f(B) = 36$에서 $f(B) = 36 - f(A)$이므로
$f(A)f(B) = f(A)\{36 - f(A)\}$
$= -\{f(A)\}^2 + 36f(A)$
$= -\{f(A) - 18\}^2 + 324$
따라서 $f(A) = 18$일 때, $f(A)f(B)$가 최대이므로 $f(A)f(B)$의 최댓값은 324이다.

[참고] $f(x) = a(x - p)^2 + q(a \neq 0)$일 때
$a > 0$이면 $x = p$에서 최솟값 q를 갖고,
$a < 0$이면 $x = p$에서 최댓값 q를 갖는다.

02 명제

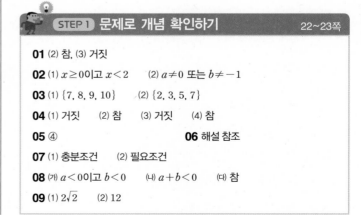

01 (2) 참, (3) 거짓

02 (1) $x \geq 0$이고 $x < 2$ (2) $a \neq 0$ 또는 $b \neq -1$

03 (1) $\{7, 8, 9, 10\}$ (2) $\{2, 3, 5, 7\}$

04 (1) 거짓   (2) 참   (3) 거짓   (4) 참

05 ④   **06** 해설 참조

07 (1) 충분조건   (2) 필요조건

08 (개) $a < 0$이고 $b < 0$ (내) $a + b < 0$ (대) 참

09 (1) $2\sqrt{2}$ (2) 12

01 명제인 것은 (2), (3)이다.
(2) 참   (3) 거짓

02 (1) $x \geq 0$이고 $x < 2$
(2) $a \neq 0$ 또는 $b \neq -1$

03 $U = \{1, 2, 3, \cdots, 9, 10\}$
(1) $7 - x < 1$에서 $x > 6$
따라서 p의 진리집합은 $\{7, 8, 9, 10\}$이다.
(2) $\{2, 3, 5, 7\}$

04 (1) 조건 $x^2 = 1$에서 $x = \pm 1$이므로 진리집합은 $\{-1, 1\}$이다.
따라서 $\{-1, 1\} \not\subset \{1\}$이므로 주어진 명제는 거짓이다.
(2) $\{x | x > 0\} \subset \{x | x > -1\}$이므로 주어진 명제는 참이다.
(3) [반례] $x = 0$일 때 $x^2 = 0$ (거짓)
(4) 실수 $x = 0$에 대하여 $|x| = 0$ (참)

05 $p \longrightarrow \sim q$가 참이면 그 대우 $q \longrightarrow \sim p$도 참이다.

06 (1) 역: $a = 0$이고 $b = 0$이면 $a^2 + b^2 = 0$이다. (참)
대우: $a \neq 0$ 또는 $b \neq 0$이면 $a^2 + b^2 \neq 0$이다. (참)
(2) 역: x와 y가 자연수이면 $x + y$는 자연수이다. (참)
대우: x와 y가 자연수가 아니면 $x + y$는 자연수가 아니다. (거짓)
　　　　[반례] $x = 1.2$, $y = 2.8$이면 $x + y = 4$

07 조건 p, q의 진리집합을 각각 P, Q라고 하면
(1) $P = \{1, 3\}$, $Q = \{1, 2, 3, 6\}$이므로 $P \subset Q$
따라서 $p \Longrightarrow q$이므로 p는 q이기 위한 충분조건이다.
(2) $x^2 = x$에서 $x(x-1) = 0$이므로 $x = 0$ 또는 $x = 1$
즉, $P = \{0, 1\}$, $Q = \{0\}$이므로 $P \supset Q$
따라서 $p \Longleftarrow q$이므로 p는 q이기 위한 필요조건이다.

08 주어진 명제의 대우는
'두 실수 a, b에 대하여 [⑦ $a < 0$이고 $b < 0$] 이면 [④ $a + b < 0$]이다.'
이고, 이는 [⑤ 참]이므로 주어진 명제도 참이다.

09 (1) $2x + \dfrac{1}{x} \geq 2\sqrt{2x \times \dfrac{1}{x}} = 2\sqrt{2}$
따라서 구하는 최솟값은 $2\sqrt{2}$이다.
(2) $9x + \dfrac{4}{x} \geq 2\sqrt{9x \times \dfrac{4}{x}} = 2\sqrt{36} = 12$
따라서 구하는 최솟값은 12이다.

---

01 ③	02 ④	03 ②	04 ②	05 ②
06 ②	07 ③	08 ④	09 해설 참조	10 ③
11 ①	12 ①	13 ③	14 ②	15 ⑤
16 ③	17 해설 참조	18 ⑤	19 ⑤	20 ③
21 해설 참조	22 ②	23 ②	24 ③	25 ④
26 ③	27 ④	28 ③	29 해설 참조	30 ①
31 ③	32 ③	33 ③	34 ②	35 해설 참조
36 ④	37 ③	38 ④	39 ③	40 해설 참조
41 ⑤	42 ⑤	43 ③	44 ④	45 ⑤
46 ③				

01 ㄱ. x의 값에 따라 참이기도 하고 거짓이기도 하므로 명제가 아니다.
ㄴ. 거짓인 명제이다.
ㄷ. 참인 명제이다.
ㄹ. 참인 명제이다.
ㅁ. 참, 거짓을 판별할 수 없으므로 명제가 아니다.
따라서 보기에서 명제인 것은 ㄴ, ㄷ, ㄹ의 3개이다.

02 ④ $P = \{1\}$

03 $P = \{x | f(x) = 0\}$, $Q = \{x | g(x) = 0\}$
$f(x)g(x) = 0$에서 $f(x) = 0$ 또는 $g(x) = 0$
따라서 조건 $f(x)g(x) = 0$의 진리집합은 $P \cup Q$이다.

04 조건 p의 진리집합을 P라고 하면
$P = \{1, 2, 3, 4, 6, 8\}$
조건 $\sim p$의 진리집합은 P^C이므로 $P^C = \{5, 7\}$
따라서 조건 $\sim p$의 진리집합의 모든 원소의 합은
$5 + 7 = 12$

05 '적어도 하나의'의 부정은 '모두'이고, '홀수'의 부정은 '짝수'이므로 주어진 조건의 부정은 '자연수 x, y는 모두 짝수이다.'이다.

06 $(A - B) \cup (B - A) = \varnothing$에서
$A - B = \varnothing$이고 $B - A = \varnothing$
즉, $A \subset B$이고 $B \subset A$이므로 $A = B$
따라서 주어진 조건의 부정은 $A \neq B$이다.

07 조건 $\sim q$의 진리집합은 Q^C이므로 조건 'p 또는 $\sim q$'의 진리집합은 $P \cup Q^C$이다.

08 조건 'p 또는 q'의 부정은 '$\sim p$ 그리고 $\sim q$'이고,
$\sim p$: $x < -1$ 또는 $x > 5$,

$\sim q: x \leq -2$ 또는 $x > 3$

따라서 '$\sim p$ 그리고 $\sim q$'는 '$x \leq -2$ 또는 $x > 5$'이다.

09 ㉮ 전체집합 $U = \{1, 2, 3, \cdots, 16\}$에서 두 조건 p, q의 진리집합을 각각 P, Q라고 하면
$P = \{2, 3, 5, 7, 11, 13\}$, $Q = \{1, 3, 5, 15\}$
㉯ 이때 조건 '$\sim p$ 이고 q'의 진리집합은 $P^C \cap Q$이므로
㉰ $P^C \cap Q = \{1, 15\}$

단계	채점 기준	배점 비율
㉮	두 조건 p, q의 진리집합 구하기	30%
㉯	조건 '$\sim p$이고 q'의 진리집합을 집합으로 표현하기	40%
㉰	조건 '$\sim p$이고 q'의 진리집합 구하기	30%

10 ① (홀수)×(홀수)=(홀수)이므로 n^2이 홀수이면 n도 홀수이다. (참)
② $x - 3 = 0$에서 $x = 3$이므로 $x^2 - 9 = 3^2 - 9 = 0$ (참)
③ 2를 제외한 모든 소수는 홀수이다. (거짓)
④ $x = 1$이면 $x^3 = 1^3 = 1$ (참)
⑤ 9는 3의 배수이므로 9의 배수는 모두 3의 배수이다. (참)

11 ㄴ. [반례] $x = 0$, $y = -1$이면 $x > y$이지만 $x^2 < y^2$이다. (거짓)
ㄷ. [반례] $x = 0$, $y = 1$이면 $xy = 0$이지만 $x^2 + y^2 = 1 \neq 0$이다. (거짓)
ㄹ. [반례] $\angle A = \angle C \neq \angle B$이면 삼각형 ABC는 이등변삼각형이지만 $\angle A \neq \angle B$이다. (거짓)
따라서 참인 명제인 것은 ㄱ이다.

12 집합 $P = \{a, b\}$, $Q = \{b, c\}$에서 명제 $p \longrightarrow q$가 거짓임을 보이는 원소는 집합 P의 원소이지만 집합 Q의 원소는 아니어야 하므로 집합 $P - Q$의 원소이다.
따라서 $P - Q = \{a\}$이므로 $p \longrightarrow q$가 거짓임을 보이는 원소는 a이다.

13 명제 $p \longrightarrow \sim q$가 참이므로 $P \subset Q^C$, 즉 $P \cap Q = \varnothing$
① $P \cap Q = \varnothing$ (거짓)
② $P^C \cap Q = Q$ (거짓)
③ $P - Q^C = P \cap Q = \varnothing$ (참)
④ 알 수 없다. (거짓)
⑤ $P^C \cup Q^C = (P \cap Q)^C = \varnothing^C = U$ (거짓)
따라서 옳은 것은 ③이다.

14 ㄱ. $Q \not\subset R$이므로 명제 $q \longrightarrow r$는 거짓이다.
ㄴ. $P \subset R$이므로 명제 $p \longrightarrow r$는 참이다.
ㄷ. $Q \not\subset R$에서 $R^C \not\subset Q^C$이므로 명제 $\sim r \longrightarrow \sim q$는 거짓이다.
ㄹ. $P \not\subset Q$이므로 명제 $p \longrightarrow q$는 거짓이다.
ㅁ. $P \subset R$이므로 $P \not\subset R^C$
  $P \not\subset R^C$에서 $R \not\subset P^C$이므로 명제 $r \longrightarrow \sim p$는 거짓이다.
따라서 참인 것은 ㄴ이다.

15 ㉮에서 $Q \subset P$이고 ㉯에서 $P \subset R^C$이므로 $q \longrightarrow p$, $p \longrightarrow \sim r$, $q \longrightarrow \sim r$는 모두 참이다.
또, $P^C \subset Q^C$, $R \subset P^C$, $R \subset Q^C$이므로 $\sim p \longrightarrow \sim q$, $r \longrightarrow \sim p$, $r \longrightarrow \sim q$도 모두 참이다.

16 $x - 3 = 0$에서 $x = 3$
$x = 3$을 $x^2 + ax + 6 = 0$에 대입하면
$9 + 3a + 6 = 0$, $3a = -15$
따라서 $a = -5$

17 ㉮ $p: x \leq 1$ 또는 $x > 3$에서 $\sim p: 1 < x \leq 3$
㉯ 주어진 명제가 참이 되려면
$\{x | 1 < x \leq 3\} \subset \{x | a - 1 \leq x \leq 4a - 1\}$
이어야 하므로 오른쪽 그림에서
$a - 1 \leq 1$, $4a - 1 \geq 3$ 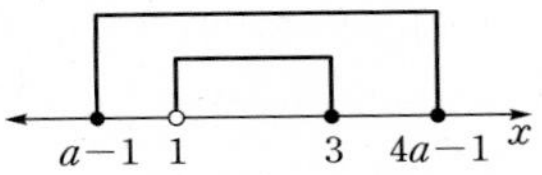
㉰ 따라서 $1 \leq a \leq 2$

단계	채점 기준	배점 비율
㉮	조건 $\sim p$ 구하기	20%
㉯	명제 $\sim p \longrightarrow q$가 참이 될 조건 구하기	50%
㉰	a의 값의 범위 구하기	30%

18 세 조건 p, q, r의 진리집합을 각각 P, Q, R라고 하면
$P = \{x | -4 \leq x \leq 2$ 또는 $x \geq 4\}$
$Q = \{x | a \leq x \leq 0\}$
$R = \{x | x \geq b\}$
명제 $q \longrightarrow p$가 참이 되려면
$Q \subset P$이고, 명제 $p \longrightarrow r$가 참이 되려면
$P \subset R$이어야 하므로 오른쪽 그림에서 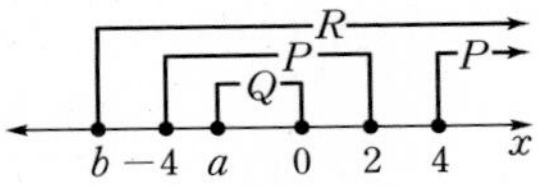
$-4 \leq a \leq 0$, $b \leq -4$
따라서 a의 최솟값은 -4, b의 최댓값은 -4이므로 이들의 곱은
$(-4) \times (-4) = 16$

19 ㄱ. [반례] $x = \dfrac{1}{2}$이면 $x^2 = \dfrac{1}{4} < 1$이므로 거짓이다.
ㄴ. $x = 0$이면 $x^2 - 1 = -1 < 0$이므로 참이다.
ㄷ. $x = 1$, $y = 2$이면 $x^2 - y^2 = 1 - 4 = -3 < 0$이므로 참이다.
따라서 참인 명제는 ㄴ, ㄷ이다.

20 ③ $x^2 - y^2 = 2$를 만족시키는 x, y는 존재하지 않으므로 거짓이다.

21 ㉮ $x^2 - 6x + a \geq 0$이 모든 실수 x에 대하여 참이 되려면 $x^2 - 6x + a$의 최솟값이 0이어야 한다.
㉯ $x^2 - 6x + a = (x - 3)^2 + a - 9$
이므로 주어진 부등식은 $x = 3$일 때 최솟값 $a - 9$를 가진다.
즉, $a - 9 \geq 0$, $a \geq 9$
㉰ 따라서 실수 a의 최솟값은 9이다.

단계	채점 기준	배점 비율
㉮	x^2-6x+a가 최솟값을 가질 조건 제시하기	40%
㉯	a의 값의 범위 구하기	40%
㉰	a의 최솟값 구하기	20%

22 ㄴ, ㄹ, ㅁ은 정리이다.
따라서 보기에서 정의인 것은 ㄱ, ㄷ이다.

23 ①, ③, ④, ⑤는 정리이고, ②는 정의이다.

24 ① 명제는 거짓이다.
[반례] 2는 소수이지만 짝수이다.
역: x가 홀수이면 x는 소수이다. (거짓)
[반례] 9는 홀수이지만 소수가 아니다.
② 명제는 거짓이다.
[반례] $x=-1$이면 $x^2+x=0$이지만 $x\neq0$이다.
역: $x=0$이면 $x^2+x=0$이다. (참)
③ 명제는 참이다.
역: $xy=0$이면 $x=0$ 또는 $y=0$이다. (참)
④ 명제는 참이다.
역: $x+y<0$이면 $x<0$ 또는 $y<0$이다. (거짓)
[반례] $x=2$, $y=-3$이면 $x+y<0$이지만 $x>0$이다.
⑤ 명제는 거짓이다.
[반례] $x=-2$이면 $x^2=4$이지만 $x\neq2$이다.
역: $x=2$이면 $x^2=4$이다. (참)
따라서 명제와 그 역이 모두 참인 것은 ③이다.

25 명제가 참이면 그 대우도 참이므로 항상 참인 명제는
$\sim q \longrightarrow p$이다.

26 명제 '$2x^2-ax+3\neq0$이면 $x-3\neq0$이다.'가 참이므로 그 대우
'$x-3=0$이면 $2x^2-ax+3=0$이다.'도 참이다.
$x=3$을 $2x^2-ax+3=0$에 대입하면
$18-3a+3=0$, $3a=21$
따라서 $a=7$

27 명제 $\sim r \longrightarrow q$의 역은 $q \longrightarrow \sim r$이고, 명제 $\sim p \longrightarrow q$와
$q \longrightarrow \sim r$가 참이므로 명제 $\sim p \longrightarrow \sim r$가 참이다.
또, 명제가 참이면 그 대우도 참이므로 명제 $r \longrightarrow p$도 참이다.

28 ㈎ 짝수 ㈏ 홀수 ㈐ 짝수

29 ㉮ $\sqrt{2}$가 유리수라고 가정하면 $\sqrt{2}=\dfrac{n}{m}$ ...... ㉠
인 서로소인 두 자연수 m, n이 존재한다.
㉯ ㉠의 양변을 제곱하면 $2=\dfrac{n^2}{m^2}$, $n^2=2m^2$ ...... ㉡

㉡에서 n^2이 짝수이므로 n도 짝수이다.
$n=2k(k$는 자연수)로 놓고 ㉡에 대입하면
$(2k)^2=2m^2$, $2k^2=m^2$
여기서 m^2이 짝수이므로 m도 짝수이다.
㉰ 즉, m, n이 모두 짝수이므로 m, n이 서로소라는 가정에 모순
이다. 따라서 $\sqrt{2}$는 유리수가 아니다.

단계	채점 기준	배점 비율
㉮	$\sqrt{2}$를 유리수라 가정하고 분수로 나타내기	30%
㉯	분수의 분자, 분모의 조건 구하기	50%
㉰	가정에 모순됨을 이용하여 주어진 명제가 참임을 보이기	20%

30 $\sim p: ab=15$, $\sim q: a=3$이고 $b=5$
에서 $\sim p \not\Longrightarrow \sim q$, $\sim q \Longrightarrow \sim p$이므로 $q \not\Longrightarrow p$, $p \Longrightarrow q$이다.
즉, p는 q이기 위한 충분조건이다.

31 ㈎ $x^2-x-6=0$에서 $(x+2)(x-3)=0$
$x=-2$ 또는 $x=3$
따라서 $x^2-x-6=0$은 $x=3$이기 위한 [필요]조건이다.
㈏ $p: x+y$가 유리수, $q: x$, y가 모두 유리수라고 하면 $p \Longleftarrow q$
[$p \longrightarrow q$의 반례] $x=\sqrt{2}$, $y=-\sqrt{2}$이면 $x+y=\sqrt{2}-\sqrt{2}=0$
따라서 p는 q이기 위한 [필요]조건이다.
㈐ $xy=0$에서 $x=0$ 또는 $y=0$
따라서 $x=0$은 $xy=0$이기 위한 [충분]조건이다.

32 ㄱ. $A\subset B$이면 $n(A)\leq n(B)$이므로 명제 $p \longrightarrow q$는 참이다.
또, 명제 $q \longrightarrow p$는 거짓이다.
즉, p는 q이기 위한 충분조건이다.
ㄴ. $p: A-B=\varnothing$에서 $A\subset B$
$q: A^c\subset B^c$에서 $B\subset A$
즉, p는 q이기 위한 어느 조건도 아니다.
ㄷ. $q: ab=|ab|$에서 $ab\geq0$이므로
$a\geq0$, $b\geq0$ 또는 $a\leq0$, $b\leq0$
즉, 명제 $p \longrightarrow q$가 참이고 명제 $q \longrightarrow p$는 거짓이므로 p는 q이기
위한 충분조건이다.
따라서 p는 q이기 위한 충분조건이지만 필요조건이 아닌 것은 ㄱ, ㄷ
이다.

33 ① 조건 p에서 $x=0$이면 $|x|+x=0$
$x<0$이면 $|x|+x=-x+x=0$
따라서 $p \Longleftarrow q$이므로 p는 q이기 위한 필요조건이다.
② $x+y>0$이면 $x>0$ 또는 $y>0$이므로 $p \Longleftarrow q$
$x=2$, $y=-3$이면 $x>0$ 또는 $y>0$이지만 $x+y=-1<0$이므로
$p \not\Longrightarrow q$
따라서 $p \Longleftarrow q$이므로 p는 q이기 위한 필요조건이다.
③ 조건 p에서 $y^2+4x(x-y)=0$이면
$4x^2-4xy+y^2=0$, $(2x-y)^2=0$

즉, $y=2x$

따라서 $p \Longleftrightarrow q$이므로 p는 q이기 위한 필요충분조건이다.

④ 조건 p에서 $|x|+|y|=|x+y|$의 양변을 제곱하면

$(|x|+|y|)^2=|x+y|^2$, $|xy|=xy$

즉, $xy \geq 0$

따라서 $p \Longleftrightarrow q$이므로 p는 q이기 위한 필요조건이다.

⑤ 조건 p에서 $x^2+y^2+z^2=0$이면 $x=y=z=0$

조건 q에서 $(x-y)^2+(y-z)^2+(z-x)^2=0$이면

$x-y=0$, $y-z=0$, $z-x=0$

즉, $x=y=z$

따라서 $p \Longrightarrow q$이므로 p는 q이기 위한 충분조건이다.

따라서 p가 q이기 위한 필요충분조건인 것은 ③이다.

34 p는 $\sim r$이기 위한 필요조건이므로 $p \Longleftarrow \sim r$ ······ ㉠

p는 q이기 위한 충분조건이므로 $p \Longrightarrow q$ ······ ㉡

㉠, ㉡에서 $\sim r \Longrightarrow q$

따라서 명제가 참이면 그 대우도 참이므로 $\sim q \Longrightarrow r$이다.

35 ㉮ $x^2+(a-3)x+6 \neq 0$이 $x \neq 2$이기 위한 충분조건이므로 명제 ‘$x^2+(a-3)x+6 \neq 0$이면 $x \neq 2$이다.’가 참이다.

㉯ 명제가 참이면 그 대우도 참이므로 ‘$x=2$이면 $x^2+(a-3)x+6=0$이다.’가 참이다.

㉰ 따라서 $x=2$를 $x^2+(a-3)x+6=0$에 대입하면

$4+2(a-3)+6=0$, $2a=-4$, $a=-2$

단계	채점 기준	배점 비율
㉮	p가 q이기 위한 충분조건임을 이용하여 참인 명제 구하기	40%
㉯	명제의 대우 구하기	30%
㉰	a의 값 구하기	30%

36 ㄱ. $\sim r \Longrightarrow \sim q$에서 $q \Longrightarrow r$이므로

$p \Longrightarrow q \Longrightarrow r \Longrightarrow s$ (참)

ㄴ. $p \Longrightarrow s$이므로 $\sim s \Longrightarrow \sim p$ (참)

ㄷ. $s \Longrightarrow p$라고 할 수 없으므로 $\sim q \Longrightarrow \sim s$라고 할 수 없다. (거짓)

따라서 옳은 것은 ㄱ, ㄴ이다.

37 주어진 조건에서

p: 인상이 좋다, q: 호감을 준다, r: 명랑하다.

라고 하면 ㈎, ㈏에서 $p \Longrightarrow q$, $r \Longrightarrow p$이므로 $r \Longrightarrow q$이다.

이때 참인 명제의 대우도 참이므로 $\sim q \Longrightarrow \sim p$, $\sim p \Longrightarrow \sim r$, $\sim q \Longrightarrow \sim r$이다.

각각을 조건 p, q, r를 이용하여 나타내면

① $q \longrightarrow r$ ② $p \longrightarrow \sim q$

③ $\sim q \longrightarrow \sim r$ ④ $\sim r \longrightarrow \sim p$

⑤ $\sim r \longrightarrow \sim q$

따라서 반드시 참인 것은 ③이다.

38 ㄱ. [반례] $a=-1$, $b=1$, $c=-1$이면

$a^3+b^3+c^3=-1$, $3abc=3$이므로

$a^3+b^3+c^3 < 3abc$ (거짓)

ㄴ. $(a+b)^2-ab=a^2+ab+b^2$

$=\left(a+\dfrac{b}{2}\right)^2+\dfrac{3}{4}b^2 \geq 0$

이므로 $(a+b)^2 \geq ab$ (참)

ㄷ. $(a+b+c)^2-3(ab+bc+ca)$

$=a^2+b^2+c^2-ab-bc-ca$

$=\dfrac{1}{2}(2a^2+2b^2+2c^2-2ab-2bc-2ca)$

$=\dfrac{1}{2}\{(a^2-2ab+b^2)+(b^2-2bc+c^2)+(c^2-2ca+a^2)\}$

$=\dfrac{1}{2}\{(a-b)^2+(b-c)^2-(c-a)^2\} \geq 0$

이므로 $(a+b+c)^2 \geq 3(ab+bc+ca)$ (참)

따라서 항상 성립하는 부등식은 ㄴ, ㄷ이다.

39 $(|a|+|b|)^2-|a+b|^2$

$=(|a|^2+2|a||b|+|b|^2)-(a+b)^2$

$=(a^2+2\boxed{|ab|}+b^2)-(a^2+2ab+b^2)$

$=2(\boxed{|ab|}-ab) \geq 0$

즉, $(|a|+|b|)^2 \geq |a+b|^2$

이때 $|a+b| \geq 0$, $|a|+|b| \geq 0$이므로

$|a|+|b| \geq |a+b|$ (단, 등호는 $\boxed{ab \geq 0}$일 때 성립한다.)

따라서 ㈎ $|ab|$ ㈏ $\geq$ ㈐ $ab \geq 0$

40 ㉮ $a^2+b^2-ab=\left(a^2-ab+\dfrac{1}{4}b^2\right)+\dfrac{3}{4}b^2$

$=\left(a-\dfrac{1}{2}b\right)^2+\dfrac{3}{4}b^2$

㉯ 그런데 $\left(a-\dfrac{1}{2}b\right)^2 \geq 0$, $\dfrac{3}{4}b^2 \geq 0$이므로

$a^2+b^2-ab \geq 0$

따라서 $a^2+b^2 \geq ab$

㉰ 여기서 등호가 성립하는 경우는 $a=\dfrac{1}{2}b$, $b=0$, 즉 $a=b=0$일 때이다.

단계	채점 기준	배점 비율
㉮	식 a^2+b^2-ab를 완전제곱 꼴로 나타내기	30%
㉯	$a^2+b^2 \geq ab$임을 보이기	40%
㉰	등호가 성립하는 경우 구하기	30%

41 x에 대한 이차방정식 $x^2+2(y+1)x+y^2+2ay+b=0$의 판별식을 D라고 하면

$\dfrac{D}{4}=(y+1)^2-(y^2+2ay+b) < 0$

$2(a-1)y+b-1 > 0$ ······ ㉠

㉠이 모든 실수 y에 대하여 성립하려면 $a-1=0$, $b-1 > 0$

따라서 $a=1$, $b > 1$

42 $a>0$, $b>0$이므로 산술평균과 기하평균의 관계에 의하여
$$4a+3b\geq2\sqrt{4a\times3b}$$
$$=2\sqrt{12\times3}$$
$$=12 \text{ (단, 등호는 } 4a=3b \text{일 때 성립한다.)}$$
따라서 구하는 최솟값은 12이다.

43 $a>0$, $b>0$이므로 산술평균과 기하평균의 관계에 의하여
$$(a+b)\left(\frac{2}{a}+\frac{8}{b}\right)=2+\frac{8a}{b}+\frac{2b}{a}+8$$
$$=\frac{8a}{b}+\frac{2b}{a}+10$$
$$\geq2\sqrt{\frac{8a}{b}\times\frac{2b}{a}}+10$$
$$=2\times4+10=18$$
$$\left(\text{단, 등호는 } \frac{8a}{b}=\frac{2b}{a} \text{일 때 성립한다.}\right)$$
따라서 구하는 최솟값은 18이다.

44 $x>2$에서 $x-2>0$이므로 산술평균과 기하평균의 관계에 의하여
$$2x-1+\frac{2}{x-2}=2(x-2)+\frac{2}{x-2}+3$$
$$\geq2\sqrt{2(x-2)\times\frac{2}{x-2}}+3$$
$$=2\times2+3=7$$
$$\left(\text{단, 등호는 } 2(x-2)=\frac{2}{x-2} \text{일 때 성립한다.}\right)$$
따라서 구하는 최솟값은 7이다.

45 오른쪽 그림과 같이 바깥쪽 직사각형의 가로의 길이를 x m, 세로의 길이를 y m라고 하면 철망의 길이가 160 m이므로 $2x+5y=160$

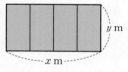

$x>0$, $y>0$이므로 산술평균과 기하평균의 관계에 의하여
$$2x+5y\geq2\sqrt{2x\times5y}=2\sqrt{10xy}$$
그런데 $2x+5y=160$이므로 $160\geq2\sqrt{10xy}$
$80\geq\sqrt{10xy}$ (단, 등호는 $2x=5y$일 때 성립한다.)
양변을 제곱하면 $10xy\leq6400$
즉, $0<xy\leq640$
따라서 울타리 안의 넓이의 최댓값은 640 m²이다.

46 오른쪽 그림과 같이 반지름의 길이가 6인 원에 내접하는 직사각형의 가로의 길이를 a, 세로의 길이를 b라고 하면
$a^2+b^2=144$

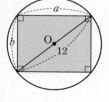

$a^2>0$, $b^2>0$이므로 산술평균과 기하평균의 관계에 의하여
$$a^2+b^2\geq2\sqrt{a^2b^2}$$
그런데 $a^2+b^2=144$이므로
$144\geq2\sqrt{a^2b^2}$, $\sqrt{a^2b^2}\leq72$

$ab\leq72$ (단, 등호는 $a=b$일 때 성립한다.)
따라서 직사각형의 넓이의 최댓값은 72이다.

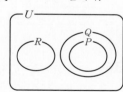

STEP 3 내신 100점 잡기 32~33쪽

47 ⑤	48 ③	49 ③	50 ④	51 해설 참조
52 ④	53 ②	54 해설 참조	55 해설 참조	

47 $(x-y)^2+(y-z)^2+(z-x)^2=0$의 부정은
$(x-y)^2+(y-z)^2+(z-x)^2\neq0$
$(x-y)^2\neq0$ 또는 $(y-z)^2\neq0$ 또는 $(z-x)^2\neq0$
$x\neq y$ 또는 $y\neq z$ 또는 $z\neq x$
따라서 x, y, z 중에 서로 다른 것이 적어도 하나 있다.

48 ㄱ. $P\cap Q=P$이므로 $P\subset Q$
즉, 명제 $p\longrightarrow q$는 참이다.
ㄴ. $R^C\cup Q=U$에서 $(R^C\cup Q)^C=U^C$이므로 $R\cap Q^C=\varnothing$
이때 $R-Q=\varnothing$이므로 $R\subset Q$
즉, 명제 $r\longrightarrow q$는 참이다.
ㄷ. $P\cap R\neq\varnothing$일 때, $P\not\subset R^C$
즉, 명제 $p\longrightarrow \sim r$는 거짓이다.
따라서 참인 명제인 것은 ㄱ, ㄴ이다.

49 명제 $r\longrightarrow \sim q$가 참이므로 그 대우인 $q\longrightarrow \sim r$도 참이다.
즉, 두 명제 $p\longrightarrow q$, $q\longrightarrow \sim r$가 참이므로 $P\subset Q\subset R^C$이 성립한다.
ㄱ. $P\subset R^C$이므로 $R\subset P^C$ (참)
ㄴ. $R-P=R$이므로 $Q\not\subset(R-P)$ (거짓)
ㄷ. $P-Q=\varnothing$이므로 $(P-Q)\subset R$ (참)
따라서 항상 옳은 것은 ㄱ, ㄷ이다.

50 q가 $\sim p$이기 위한 충분조건이므로 $q\Longrightarrow \sim p$
즉, $Q\subset P^C$에서 $P\cap Q=\varnothing$
④ $P\cup(P-Q)=P\cup P=P$

51 ㉮ 조건 r의 진리집합을 R라고 하면
p이고 q는 r이기 위한 충분조건이므로 $(P\cap Q)\subset R$
즉, $P\cap Q=\{3, 5\}$이므로 $\{3, 5\}\subset R$
㉯ p 또는 q는 r이기 위한 필요조건이므로 $R\subset(P\cup Q)$
즉, $P\cup Q=\{1, 2, 3, 5, 6, 7\}$이므로
$R\subset\{1, 2, 3, 5, 6, 7\}$
㉰ 따라서 집합 R는 집합 $\{1, 2, 3, 5, 6, 7\}$의 부분집합 중에서 원소 3, 5를 반드시 포함하므로 집합 R의 개수는

$$2^{6-2}=2^4=16$$

단계	채점 기준	배점 비율
㉮	p이고 q는 r이기 위한 충분조건임을 이용하여 세 집합 사이의 포함 관계 구하기	40%
㉯	p 또는 q는 r이기 위한 필요조건임을 이용하여 세 집합 사이의 포함 관계 구하기	40%
㉰	조건 r의 진리집합의 개수 구하기	20%

52 $p: x \geq a$, $q: b \leq x \leq 4$, $r: -1 \leq x < 5$

이때 세 조건 p, q, r의 진리집합을 각각 P, Q, R라고 하면

(i) p가 r이기 위한 필요조건이므로 $R \subset P$

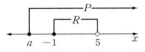

즉, $a \leq -1$이므로 a의 최댓값은 -1이다.

(ii) q가 r이기 위한 충분조건이므로 $Q \subset R$

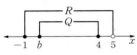

즉, $-1 \leq b \leq 4$이므로 b의 최솟값은 -1이다.

따라서 a의 최댓값과 b의 최솟값의 합은

$$-1+(-1)=-2$$

53 진수의 조사에서 '1등 B'가 참이라고 가정하자.

네 명의 학생 모두 2개 중 하나씩만 맞혔으므로 '3등 D', 서은의 조사에서 '1등 A'는 거짓이 된다.

이때 서은의 조사에서 '4등 C'는 참이고, 재열의 조사에서 '3등 C'는 거짓이 된다.

그러므로 재열의 조사에서 '2등 D'는 참이다.

한편, 명호의 조사에서 '2등 A'가 거짓이므로 '5등 E'가 참이고 3등은 A가 된다.

따라서 책을 많이 읽은 순으로 나열하면 B, D, A, C, E이다.

참고 진수의 조사에서 '3등 D'가 참이면 재열의 조사에서 '2등 D'가 거짓, '3등 C'가 참이다. 그런데 이것은 진수의 조사에서 '3등 D'가 참이라는 가정에 모순이다.

54 ㉮ (i) $|x| \geq |y|$일 때

$$(|x|-|y|)^2-|x-y|^2$$
$$=(|x|^2-2|x||y|+|y|^2)-(x-y)^2$$
$$=x^2-2|xy|+y^2-(x^2-2xy+y^2)$$
$$=2(xy-|xy|) \leq 0$$

즉, $(|x|-|y|)^2 \leq |x-y|^2$

그런데 $|x|-|y| \geq 0$, $|x-y| \geq 0$이므로

$$|x|-|y| \leq |x-y|$$

㉯ (ii) $|x| < |y|$일 때

$|x|-|y| < 0$, $|x-y| > 0$이므로

$$|x|-|y| < |x-y|$$

㉰ (i), (ii)에서 $|x|-|y| \leq |x-y|$

㉱ 등호는 $|x| \geq |y|$이고 $|xy|=xy$일 때, 즉 $x \geq y \geq 0$ 또는 $x \leq y \leq 0$일 때 성립한다.

단계	채점 기준	배점 비율
㉮	$|x| \geq |y|$일 때 부등식이 성립함을 보이기	30%
㉯	$|x| < |y|$일 때 부등식이 성립함을 보이기	20%
㉰	주어진 부등식이 성립함을 보이기	30%
㉱	등호가 성립하는 경우 구하기	20%

55 ㉮ $x > -1$에서 $x+1 > 0$이므로 산술평균과 기하평균의 관계에 의하여

$$\frac{x^2+4x+6}{x+1}=\frac{(x+1)(x+3)+3}{x+1}$$
$$=x+3+\frac{3}{x+1}$$
$$=x+1+\frac{3}{x+1}+2$$

㉯
$$\geq 2\sqrt{(x+1) \times \frac{3}{x+1}}+2$$
$$=2+2\sqrt{3}$$

$$\left(단, 등호는 x+1=\frac{3}{x+1}일 때 성립한다.\right)$$

㉰ 따라서 구하는 최솟값은 $2+2\sqrt{3}$이다.

단계	채점 기준	배점 비율
㉮	주어진 식을 $\Box+\dfrac{a}{\Box}+b$의 꼴로 변형하기	40%
㉯	산술평균과 기하평균의 관계에 의하여 주어진 식의 값의 범위 구하기	30%
㉰	주어진 식의 최솟값 구하기	30%

STEP 3 내신 최고 문제 33쪽

56 $-4 \leq a < 0$ **57** ②

56 명제 ㉮에서 $\{x | x > 0\} \cap \{x | x+a < 0\} \neq \varnothing$이므로 집합

$P=\{x | x > 0\}$, $Q=\{x | x < -a\}$

라고 하면 오른쪽 그림에서

$-a > 0$, $a < 0$ ……㉠

명제 ㉯에서 $\{x | x < 0\} \subset \{x | x-a-4 \leq 0\}$이므로 집합

$R=\{x | x < 0\}$, $S=\{x | x \leq a+4\}$

라고 하면 오른쪽 그림에서

$a+4 \geq 0$, $a \geq -4$ ……㉡

따라서 ㉠, ㉡에서 구하는 실수 a의 값의 범위는

$$-4 \leq a < 0$$

57 오른쪽 그림과 같이 직각삼각형 ABC에 내접하는 직사각형의 꼭짓점을 각각 D, E, F라고 하면 △ADF와 △DBE는 서로 닮음이므로

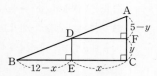

$\overline{DF} : \overline{BE} = \overline{AF} : \overline{DE}$에서

$x : (12-x) = (5-y) : y$

$xy = 60 - 5x - 12y + xy$

$5x + 12y = 60$

이때 $x>0$, $y>0$이므로 산술평균과 기하평균의 관계에 의하여

$(5x+12y)\left(\dfrac{12}{x}+\dfrac{5}{y}\right) = 120 + \dfrac{25x}{y} + \dfrac{144y}{x}$

$\qquad\qquad\qquad\qquad \geq 120 + 2\sqrt{\dfrac{25x}{y} \times \dfrac{144y}{x}}$

$\qquad\qquad\qquad\qquad = 120 + 120 = 240$

$\left(\text{단, 등호는 } \dfrac{25x}{y} = \dfrac{144y}{x}\text{일 때 성립한다.}\right)$

이때 $5x+12y=60$이므로 $\dfrac{12}{y}+\dfrac{5}{y} \geq 4$

따라서 $\dfrac{12}{y}+\dfrac{5}{y}$의 최솟값은 4이다.

Ⅱ

함수

01 함수

36~37쪽

STEP 1 문제로 개념 확인하기

01 (1) 함수가 아니다.
　(2) 함수이다. 정의역은 $\{1, 2, 3\}$, 공역은 $\{a, b, c\}$, 치역은 $\{b, c\}$
　(3) 함수가 아니다.

02 (1) 서로 같은 함수
　(2) 서로 같은 함수가 아니다.

03 (1) ㄴ, ㄷ　　(2) ㄴ, ㄷ　　(3) ㄷ　　(4) ㄱ

04 (1) d　　(2) 3　　(3) b　　(4) 1

05 (1) $-x^2$　　(2) $(x-1)^2+1$
　(3) x　　(4) $(x^2+1)^2+1$

06 (1) a　　(2) b　　(3) 4

07 $f^{-1}(x) = \dfrac{1}{2}x - \dfrac{3}{2}$

---

01 (1) X의 원소 2에 대응하는 Y의 원소가 없으므로 함수가 아니다.
(2) 함수이고 정의역은 $\{1, 2, 3\}$, 공역은 $\{a, b, c\}$, 치역은 $\{b, c\}$이다.
(3) X의 원소 2에 대응하는 Y의 원소가 b, c의 2개이므로 함수가 아니다.

02 (1) $f(x)$와 $g(x)$의 정의역은 같고, 치역은 $f(-1)=g(-1)=1$, $f(0)=g(0)=0$, $f(1)=g(1)=1$이므로 서로 같은 함수이다.
(2) 두 함수의 정의역은 같고, $f(2)=g(2)=4$이지만 $f(4)=8$, $g(4)=6$으로 $f(4) \neq g(4)$이므로 서로 같은 함수가 아니다.

03 (1) 정의역의 임의의 두 원소 x_1, x_2에 대하여 $x_1 \neq x_2$이면 $f(x_1) \neq f(x_2)$가 성립하는 함수가 일대일함수이다.
따라서 일대일함수는 ㄴ, ㄷ이다.
(2) 일대일함수이고 치역과 공역이 같은 함수가 일대일대응이다.
따라서 일대일대응은 ㄴ, ㄷ이다.

04 (1) $(f \circ g)(a) = f(g(a)) = f(3) = d$
(2) $(g \circ f)(2) = g(f(2)) = g(a) = 3$
(3) $(f \circ g)(d) = f(g(d)) = f(4) = b$
(4) $(g \circ f)(4) = g(f(4)) = g(b) = 1$

05 (1) $(f \circ g)(x) = f(g(x)) = f(x^2+1)$
$\qquad\qquad\qquad\qquad = -(x^2+1)+1 = -x^2$
(2) $(g \circ f)(x) = g(f(x)) = g(-x+1)$
$\qquad\qquad\qquad\qquad = (-x+1)^2+1 = (x-1)^2+1$

(3) $(f \circ f)(x) = f(f(x)) = f(-x+1)$
$\qquad = -(-x+1)+1 = x$

(4) $(g \circ g)(x) = g(g(x)) = g(x^2+1) = (x^2+1)^2+1$

06 (1) $f^{-1}(3) = k$라고 하면 $3 = f(k)$
주어진 그림에서 $f(a) = 3$이므로 $k = a$
따라서 $f^{-1}(3) = a$

참고 $f^{-1} : Y \longrightarrow X$이므로 그림에서 화살표의 방향을 거꾸로 생각하면
$f^{-1}(3) = a$

(2) $(f^{-1} \circ f)(b) = f^{-1}(f(b)) = f^{-1}(2) = b$

(3) $(f \circ f^{-1})(4) = f(f^{-1}(4)) = f(c) = 4$

참고 $f^{-1} \circ f$와 $f \circ f^{-1}$는 항등함수이다.

07 주어진 함수는 일대일대응이므로 역함수가 존재한다.
$y = 2x+3$이라 하고 x를 y의 식으로 나타내면
$x = \dfrac{1}{2}y - \dfrac{3}{2}$

x와 y를 서로 바꾸면 $y = \dfrac{1}{2}x - \dfrac{3}{2}$

따라서 구하는 역함수는 $f^{-1}(x) = \dfrac{1}{2}x - \dfrac{3}{2}$

01 ②	02 ①	03 ②	04 ②	05 ⑤
06 해설 참조	07 ③	08 ②	09 해설 참조	10 ②
11 ⑤	12 ③	13 ②	14 ④	15 ①
16 ③	17 ④	18 ④	19 ③	20 해설 참조
21 ⑤	22 ②	23 ②	24 ⑤	25 ②
26 ⑤	27 500	28 ⑤	29 ③	30 ②
31 ④	32 ⑤	33 ①	34 ④	35 ④
36 ①	37 ③	38 해설 참조	39 ④	40 ①
41 ②	42 해설 참조	43 ②	44 ②	45 해설 참조
46 ②	47 ⑤	48 ③	49 ④	50 ①
51 ⑤	52 ④	53 ④		

01 ② 원은 x의 값에 대응되는 값이 두 개 있는 경우가 있으므로 함수가 아니다.

02 각 대응을 그림으로 나타내면 다음과 같다.

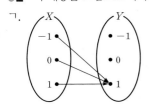
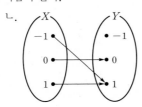

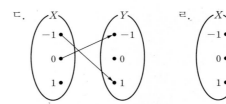

따라서 X에서 Y로의 함수인 것은 ㄱ, ㄴ이다.

03 대응 $x \longrightarrow ax^2+(a+1)x+2$에서
$x = -1$일 때 대응되는 값은 1, $x = 0$일 때 대응되는 값은 2이므로
$x = 2$일 때 대응되는 값이 1, 2, 3 중 하나이면 X에서 Y로의 대응은 함수가 된다.
$x = 2$일 때 대응되는 값은 $4a+2a+2+2 = 6a+4$이므로
$6a+4 = 1$ 또는 $6a+4 = 2$ 또는 $6a+4 = 3$
따라서 $a = -\dfrac{1}{2}$ 또는 $a = -\dfrac{1}{3}$ 또는 $a = -\dfrac{1}{6}$이므로 모든 a의 값의 합은
$-\dfrac{1}{2} + \left(-\dfrac{1}{3}\right) + \left(-\dfrac{1}{6}\right) = -1$

04 $f(-1) = 0$, $f(0) = -1$, $f(1) = 0$이므로 함수 f의 치역은 $\{-1, 0\}$이다.

05 ③ $f(0) = 1$, $f(2) = 3$, $f(3) = 4$이므로 치역은 $\{1, 3, 4\}$이다.
⑤ $f(x) = x+1$에서 $f(x) = 5$를 만족시키는 x의 값은 $x = 4$
그런데 $x = 4$는 정의역 $X = \{0, 2, 3\}$에 속하지 않으므로
$f(x) = 5$를 만족시키는 x의 값은 존재하지 않는다.
따라서 옳지 않은 것은 ⑤이다.

06 ㉮ $f(0) = 0+2 = 2$
$\qquad f(1) = 4$
$\qquad f(2) = 2^2-2 = 2$
$\qquad f(3) = 3^2-3 = 6$
㉯ 따라서 함수 f의 치역은 $\{2, 4, 6\}$이다.

단계	채점 기준	배점 비율
㉮	함숫값을 모두 구하기	50%
㉯	함수 f의 치역 구하기	50%

07 $f(x) = x+5+8 = x+13$
이때 삼각형의 변의 길이는 0보다 크므로 $x > 0$이고, 삼각형의 한 변의 길이는 나머지 두 변의 길이의 차보다 크고 합보다 작으므로
$8-5 < x < 5+8$, $3 < x < 13$
즉, 정의역은 $\{x \mid 3 < x < 13\}$이다.
따라서 $f(3) = 3+13 = 16$, $f(13) = 13+13 = 26$이므로
함수 f의 치역은 $\{f(x) \mid 16 < f(x) < 26\}$이다.

참고 삼각형의 세 변의 길이가 각각 a, b, c일 때
(i) $a > 0$, $b > 0$, $c > 0$
(ii) $a < b+c$, $b < a+c$, $c < a+b$

08 정의역이 $X=\{-1, 3\}$인 두 함수 $f(x)$, $g(x)$의 치역이 서로 같으므로

$f(-1)=g(-1)$, $f(3)=g(3)$

또는 $f(-1)=g(3)$, $f(3)=g(-1)$이다.

(i) $f(-1)=g(-1)$, $f(3)=g(3)$일 때

$-a=1+b$, $3a=9+b$이므로

$a+b=-1$, $3a-b=9$

두 식을 연립하여 풀면 $a=2$, $b=-3$

(ii) $f(-1)=g(3)$, $f(3)=g(-1)$일 때

$-a=9+b$, $3a=1+b$이므로

$a+b=-9$, $3a-b=1$

두 식을 연립하여 풀면 $a=-2$, $b=-7$

따라서 (i), (ii)에 의해 $a-b=5$

09 ㉮ $f(x+y)=f(x)+f(y)$에

$x=1$, $y=1$을 대입하면

$f(2)=f(1)+f(1)$, $2f(1)=4$, $f(1)=2$

㉯ $x=\dfrac{1}{2}$, $y=\dfrac{1}{2}$을 대입하면

$f(1)=f\left(\dfrac{1}{2}\right)+f\left(\dfrac{1}{2}\right)$, $2f\left(\dfrac{1}{2}\right)=2$, $f\left(\dfrac{1}{2}\right)=1$

㉰ $x=1$, $y=2$를 대입하면

$f(3)=f(1)+f(2)=2+4=6$

㉱ 따라서 $f(1)+f\left(\dfrac{1}{2}\right)-f(3)=2+1-6=-3$

단계	채점 기준	배점 비율
㉮	주어진 등식에 $x=1$, $y=1$을 대입하여 $f(1)$의 값 구하기	30%
㉯	주어진 등식에 $x=\dfrac{1}{2}$, $y=\dfrac{1}{2}$을 대입하여 $f\left(\dfrac{1}{2}\right)$의 값 구하기	30%
㉰	주어진 등식에 $x=1$, $y=2$를 대입하여 $f(3)$의 값 구하기	30%
㉱	$f(1)+f\left(\dfrac{1}{2}\right)-f(3)$의 값 구하기	10%

10 $f(x)=g(x)$이므로 $x^2=-x+2$

$x^2+x-2=0$, $(x+2)(x-1)=0$

$x=-2$ 또는 $x=1$

따라서 보기 중에서 정의역이 될 수 있는 집합은 ② $\{-2, 1\}$이다.

11 ① $f(-1)=-1$, $g(-1)=1$이므로

$f(-1)\neq g(-1)$, 즉 $f\neq g$

② $f(-1)=-2$이지만 함수 g는 $x=-1$에서 정의되지 않으므로

$f\neq g$

③ $f(-1)=-1$, $g(-1)=1$이므로

$f(-1)\neq g(-1)$, 즉 $f\neq g$

④ $f(-1)=-2$, $g(-1)=2$이므로

$f(-1)\neq g(-1)$, 즉 $f\neq g$

⑤ $f(-1)=g(-1)=1$, $f(0)=f(0)$, $f(1)=g(1)=1$이므로

$f=g$

12 $f(-1)=-a+b$, $f(0)=b$, $f(1)=a+b(a>0)$이므로

$f(-1)<f(0)<f(1)$

$g(-1)=-1+a$, $g(0)=a$, $g(1)=1+a$이므로

$g(-1)<g(0)<g(1)$

두 함수 f, g가 서로 같으므로

$f(-1)=g(-1)$, $f(0)=g(0)$, $f(1)=g(1)$에서

$-a+b=-1+a$, $b=a$, $a+b=1+a$

$2a-b=1$, $a=b$, $b=1$

세 식을 연립하여 풀면 $a=1$, $b=1$

따라서 $a+b=1+1=2$

13 ㄱ, ㄷ. 주어진 그래프와 직선 $y=k$의 교점이 1개이고, 치역과 공역이 같으므로 일대일대응이다.

ㄴ, ㄹ, ㅁ. 주어진 그래프와 직선 $y=k$의 교점이 1개가 아닌 경우가 존재하므로 일대일대응이 아니다.

따라서 일대일대응인 것은 ㄱ, ㄷ이다.

14 ④ 일차함수는 일대일대응이다.

15 치역에 속하는 임의의 실수 k에 대하여 y축에 수직인 직선 $y=k$를 그었을 때, 그래프와 한 점에서 만나고 (치역)$\neq$(공역)이면 그 함수는 일대일함수이지만 일대일대응이 아니다.

ㄱ. $y=f(x)$의 그래프는 오른쪽 그림과 같으므로 일대일함수이지만 일대일대응이 아니다.

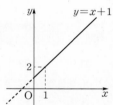

ㄴ. $y=f(x)$의 그래프는 오른쪽 그림과 같으므로 일대일대응이다.

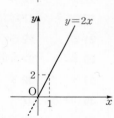

ㄷ. $y=f(x)$의 그래프는 오른쪽 그림과 같으므로 일대일대응이다.

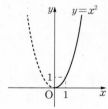

ㄹ. $y=f(x)$의 그래프는 오른쪽 그림과 같으므로 일대일대응이다.

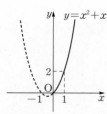

따라서 일대일함수이지만 일대일대응이 아닌 것은 ㄱ이다.

16 $a<0$이므로 함수 f가 일대일대응이 되려면
$f(-1)=8$, $f(3)=0$이어야 하므로
$f(-1)=-a+b=8$ ...... ㉠
$f(3)=3a+b=0$ ...... ㉡
㉠, ㉡을 연립하여 풀면 $a=-2$, $b=6$
따라서 $a+b=4$

17 함수 f가 일대일대응이려면 $y=f(x)$
의 그래프가 오른쪽 그림과 같아야 한다.
따라서 직선 $y=ax+3$의 기울기가 양수이
어야 하므로 $a>0$

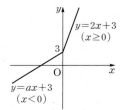

18 $f(x)=x^2-x+a=\left(x-\dfrac{1}{2}\right)^2+a-\dfrac{1}{4}$
이므로 오른쪽 그림에서 $x\geq 2$일 때 x의 값
의 증가하면 $f(x)$의 값도 증가한다.
따라서 함수 f가 일대일대응이려면
$f(2)=3$이어야 하므로
$f(2)=4-2+a=3$, $a=1$

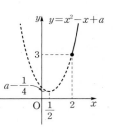

19 ① $f(-1)=1$, $f(0)=0$, $f(1)=-1$이므로 항등함수가 아니다.
② $f(-1)=1$, $f(0)=0$, $f(1)=1$이므로 항등함수가 아니다.
③ $f(-1)=-1$, $f(0)=0$, $f(1)=1$이므로 항등함수이다.
④ $f(-1)=1$, $f(0)=0$, $f(1)=-1$이므로 항등함수가 아니다.
⑤ $f(-1)=1$, $f(0)=0$, $f(1)=1$이므로 항등함수가 아니다.

20 ㉮ f가 상수함수이고 $f(4)=2$이므로 $f(x)=2$
㉯ 따라서 $f(1)=f(3)=f(5)=\cdots=f(99)=2$이므로
㉰ $f(1)+f(3)+f(5)+\cdots+f(99)=2\times 50$
$\qquad\qquad\qquad\qquad\qquad\qquad =100$

단계	채점 기준	배점 비율
㉮	함수 $f(x)$ 구하기	40%
㉯	$f(1)$, $f(3)$, $f(5)$, $\cdots$, $f(99)$의 값 구하기	40%
㉰	$f(1)+f(3)+f(5)+\cdots+f(99)$의 값 구하기	20%

21 함수 g는 항등함수이므로
$f(1)=g(2)=h(3)=2$
함수 h는 상수함수이므로
$h(1)=h(2)=h(3)=2$
㈐에서 $f(2)+g(1)+h(3)=f(2)+1+2=6$
$f(2)=3$
이때 함수 f는 일대일대응이므로 $f(3)=1$
따라서 $f(1)f(3)=2\times 1=2$

22 X에서 Y로의 일대일함수를 f라 하면
$f(1)$의 값이 될 수 있는 것은 4, 5, 6, 7의 4개이고,
$f(2)$의 값이 될 수 있는 것은 $f(1)$의 값을 제외한 3개이고,
$f(3)$의 값이 될 수 있는 것은 $f(1)$, $f(2)$의 값을 제외한 2개이다.
따라서 일대일함수의 개수는
$4\times 3\times 2=24$

23 집합 A의 원소의 개수가 n이므로 상수함수의 개수는 n이다.
즉, $a=n$
또, 항등함수의 개수는 1이므로 $b=1$
일대일대응의 개수는 $n\times(n-1)\times(n-2)\times\cdots\times 1$이므로
$c=n(n-1)(n-2)\cdots 1$
이때 $a+b+c=126$이므로
$n+1+n(n-1)(n-2)\cdots 1=126$
$n+n(n-1)(n-2)\cdots 1=125$
따라서 $n=5$

24 $f(0)\{f(1)+1\}\neq 0$을 만족시키는 함수는 $f(0)\neq 0$이고
$f(1)\neq -1$인 함수이므로
$x=-1$일 때 $f(x)$가 가질 수 있는 값은 -1, 0, 1의 3개이고,
$x=0$일 때 $f(x)$가 가질 수 있는 값은 -1, 1의 2개이고,
$x=1$일 때 $f(x)$가 가질 수 있는 값은 0, 1의 2개이다.
따라서 구하는 함수 f의 개수는
$3\times 2\times 2=12$

25 $(f\circ f)(103)=f(f(103))=f(98)$
$\qquad\qquad\qquad\qquad =101$

26 $(f\circ f)(2)=f(f(2))=f(3)=4$
$(f\circ f\circ f)(5)=f(f(f(5)))=f(f(1))=f(2)=3$
따라서 $(f\circ f)(2)+(f\circ f\circ f)(5)=4+3=7$

27 $(f\circ g)(x)=f(g(x))=a\left(\dfrac{1}{2}x+b\right)-6$
$\qquad\qquad\qquad\quad =\dfrac{1}{2}ax+ab-6$
$(f\circ g)(x)=x$이므로 $\dfrac{1}{2}ax+ab-6=x$
위의 식은 x에 대한 항등식이므로
$\dfrac{1}{2}a=1$, $ab-6=0$
위의 두 식을 연립하여 풀면 $a=2$, $b=3$
따라서 $100(a+b)=100\times 5=500$

참고 항등식의 성질
(1) $ax+b=0$이 x에 대한 항등식 $\Longleftrightarrow$ $a=0$, $b=0$
(2) $ax+b=a'x+b'$이 x에 대한 항등식 $\Longleftrightarrow$ $a=a'$, $b=b'$

28 $f(g(x))=\{g(x)\}^2+4$에서 $f(x)=x^2+4$

$g(x)=ax+b\,(a\neq0)$라고 하면

$g(f(x))=4\{g(x)\}^2+1$에서

$a(x^2+4)+b=4(ax+b)^2+1$

$ax^2+4a+b=4a^2x^2+8abx+4b^2+1$

위의 식은 x에 대한 항등식이므로

$4a^2=a,\ 8ab=0,\ 4a+b=4b^2+1$

이때 $a\neq0$이므로 $a=\dfrac{1}{4},\ b=0$

따라서 $g(x)=\dfrac{1}{4}x$이므로

$g(20)=\dfrac{1}{4}\times20=5$

29 $f(2x-2)=-x-2$에서

$2x-2=t$라고 하면 $x=\dfrac{1}{2}t+1$이므로

$f(t)=-\left(\dfrac{1}{2}t+1\right)-2=-\dfrac{1}{2}t-3$

따라서 $f(x)=-\dfrac{1}{2}x-3$이므로

$(f\circ f)(2)=f(f(2))=f(-4)=-1$

30 $(f\circ g)(x)=f(g(x))=f(-2x+a)$

$\qquad\qquad\quad=3(-2x+a)+1$

$\qquad\qquad\quad=-6x+3a+1$

$(g\circ f)(x)=g(f(x))=g(3x+1)$

$\qquad\qquad\quad=-2(3x+1)+a$

$\qquad\qquad\quad=-6x-2+a$

$f\circ g=g\circ f$이므로 $-6x+3a+1=-6x-2+a$

위의 식은 x에 대한 항등식이므로

$3a+1=-2+a,\ 2a=-3$

따라서 $a=-\dfrac{3}{2}$

31 $(f\circ f)(x)=f(f(x))=f(ax+b)$

$\qquad\qquad\quad=a(ax+b)+b=a^2x+ab+b$

즉, $a^2x+ab+b=4x-6$

위의 식은 x에 대한 항등식이므로

$a^2=4,\ ab+b=-6$

위의 두 식을 연립하여 풀면 $a=2,\ b=-2\,(a>0)$

따라서 $f(x)=2x-2$이므로

$f(3)=6-2=4$

32 $(g\circ h)(x)=g(h(x))=2h(x)+1$

$(g\circ h)(x)=f(x)$이므로

$2h(x)+1=\dfrac{2}{3}x+2,\ 2h(x)=\dfrac{2}{3}x+1$

따라서 $h(x)=\dfrac{1}{3}x+\dfrac{1}{2}$

33 $f(1)=3=4-1=2^2-1$

$f^2(1)=(f\circ f)(1)=f(3)=7=8-1=2^3-1$

$f^3(1)=(f\circ f^2)(1)=f(7)=15=16-1=2^4-1$

$f^4(1)=(f\circ f^3)(1)=f(15)=31=32-1=2^5-1$

$\qquad\qquad\vdots$

$f^n(1)=2^{n+1}-1$

따라서 $f^9(1)=2^{10}-1=1023$

34 주어진 그림에 x좌표를 표시

하면 오른쪽 그림과 같다.

$f(a)=b,\ f(b)=c,\ f(c)=d$

이므로

$(f\circ f\circ f)(a)=f(f(f(a)))$

$\qquad\qquad\qquad=f(f(b))$

$\qquad\qquad\qquad=f(c)=d$

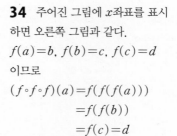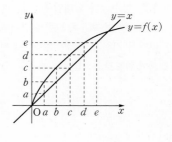

35 $(g\circ f\circ f\circ f)(2)=g(f(f(f(2))))$

$\qquad\qquad\qquad\quad=g(f(f(6)))$

$\qquad\qquad\qquad\quad=g(f(9))$

$\qquad\qquad\qquad\quad=g(11)=9$

36 $f(a)=b$라고 하면 $(f\circ f)(a)=4$에서

$f(f(a))=f(b)=4$

주어진 그래프에서 $f(b)=4$를 만족시키는 b의 값은

$b=0$ 또는 $b=6$

즉, $f(a)=0$ 또는 $f(a)=6$

(i) $f(a)=0$일 때, $a=2$

(ii) $f(a)=6$을 만족시키는 실수 a의 값은 존재하지 않는다.

따라서 (i), (ii)에 의해 모든 실수 a의 값의 합은 2이다.

37 $(f^{-1}\circ g^{-1})(3)=f^{-1}(g^{-1}(3))$

$g(2)=3$이므로 $g^{-1}(3)=2$

$f^{-1}(g^{-1}(3))=f^{-1}(2)$에서 $f(2)=2$이므로 $f^{-1}(2)=2$

따라서 $(f^{-1}\circ g^{-1})(3)=2$

38 ㉮ $f^{-1}(-4)=2$에서 $f(2)=-4$이므로

$\quad f(2)=2a+2=-4,\ 2a=-6,\ a=-3$

㉯ 따라서 $f(x)=-3x+2$이므로

㉰ $f(3)=-9+2=-7$

단계	채점 기준	배점 비율
㉮	$f(2)=-4$임을 이용하여 a의 값 구하기	50%
㉯	함수 $f(x)$ 구하기	30%
㉰	$f(3)$의 값 구하기	20%

39 $(g\circ f)^{-1}(x)=-x+2$에서 $(g\circ f)(-x+2)=x$

즉, $g(f(-x+2))=g(-2x+3)=x$

$-2x+3=7$에서 $-2x=4$, $x=-2$

따라서 $g(7)=-2$

40 $g^{-1}(20)=a$라고 하면 $g(a)=20$이므로 $a=10$

$f(g^{-1}(20))+f^{-1}(g(20))=f(10)+f^{-1}(30)$

이때 $f^{-1}(30)=b$라고 하면 $f(b)=30$이므로 $b=13$

따라서 $f(g^{-1}(20))+f^{-1}(g(20))=f(10)+f^{-1}(30)$
$$=24+13=37$$

41 함수 $f(x)$의 역함수가 존재하기 위해서는 함수 f가 일대일대응이어야 한다.

(i) $x=0$일 때 $y=0$이어야 하므로

$0=a^2-2$, $a=\pm\sqrt{2}$

(ii) 일차함수의 그래프의 기울기가 음수이어야 하므로

$a-1<0$, $a<1$

따라서 (i), (ii)에 의해 $a=-\sqrt{2}$

42 ㉮ 함수 $f(x)=-3x^2+6x+12$의 역함수가 존재하려면 함수 $y=f(x)$가 $x\leq k$에서 일대일대응이어야 한다.

㉯ $f(x)=-3x^2+6x+12$
$$=-3(x-1)^2+15$$
이므로 $y=f(x)$의 그래프는 오른쪽 그림과 같고 $x\leq 1$일 때 일대일대응이 된다.

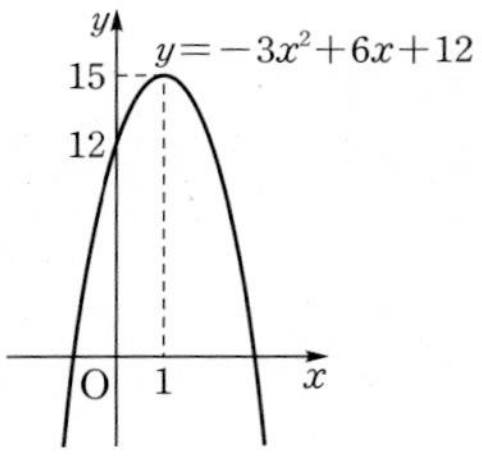

㉰ 또, 집합 X에서 X로의 함수이므로 치역도 $\{y\,|\,y\leq k\}$이어야 한다.

$f(k)=k$에서 $-3k^2+6k+12=k$

$3k^2-5k-12=0$, $(k-3)(3k+4)=0$

$k=3$ 또는 $k=-\dfrac{4}{3}$

그런데 $k\leq 1$이므로 $k=-\dfrac{4}{3}$

단계	채점 기준	배점 비율
㉮	함수 f가 일대일대응임을 알기	30%
㉯	함수 $y=f(x)$의 그래프 구하기	30%
㉰	k의 값 구하기	40%

43 $y=2x-3$을 x에 대하여 풀면

$2x=y+3$, $x=\dfrac{y}{2}+\dfrac{3}{2}$

x와 y를 서로 바꾸면 $y=\dfrac{x}{2}+\dfrac{3}{2}$

따라서 구하는 역함수가 $y=\dfrac{x}{2}+\dfrac{3}{2}$이므로

$a=\dfrac{1}{2}$, $b=\dfrac{3}{2}$

따라서 $a-b=-1$

44 $y=ax-2$라고 하면

$ax=y+2$, $x=\dfrac{1}{a}y+\dfrac{2}{a}$

x와 y를 서로 바꾸면 $y=\dfrac{1}{a}x+\dfrac{2}{a}$

즉, $f^{-1}(x)=\dfrac{1}{a}x+\dfrac{2}{a}$

이때 $f(x)=f^{-1}(x)$이므로 $ax-2=\dfrac{1}{a}x+\dfrac{2}{a}$

따라서 $a=\dfrac{1}{a}$, $\dfrac{2}{a}=-2$이므로 $a=-1$

다른 풀이 $f=f^{-1}$이면 $(f\circ f)(x)=x$이므로

$f(f(x))=a(ax-2)-2=x$, $a^2x-2a-2=x$

따라서 $a^2=1$, $-2a-2=0$이므로 $a=-1$

45 ㉮ $y=2x-1$이라고 하면

$2x=y+1$, $x=\dfrac{1}{2}y+\dfrac{1}{2}$

x와 y를 서로 바꾸면 $y=\dfrac{1}{2}x+\dfrac{1}{2}$

즉, $f(x)=\dfrac{1}{2}x+\dfrac{1}{2}$이므로

㉯ $g(x)=f(3x-1)=\dfrac{1}{2}(3x-1)+\dfrac{1}{2}=\dfrac{3}{2}x$

㉰ 따라서 $g(2)=\dfrac{3}{2}\times 2=3$

단계	채점 기준	배점 비율
㉮	$(f^{-1})^{-1}=f$임을 이용하여 함수 $f(x)$ 구하기	50%
㉯	㉮에서 구한 $f(x)$를 이용하여 $g(x)$ 구하기	30%
㉰	$g(2)$의 값 구하기	20%

다른 풀이 $f^{-1}(x)=2x-1$에서 $f(2x-1)=x$

$2x-1=t$라고 하면 $x=\dfrac{1}{2}t+\dfrac{1}{2}$

즉, $f(t)=\dfrac{1}{2}t+\dfrac{1}{2}$이므로 $f(x)=\dfrac{1}{2}x+\dfrac{1}{2}$

따라서 $g(x)=f(3x-1)=\dfrac{1}{2}(3x-1)+\dfrac{1}{2}=\dfrac{3}{2}x$이므로

$g(2)=\dfrac{3}{2}\times 2=3$

46 합성함수 $(f^{-1}\circ g)(x)=2x-7$은 일대일대응이므로 역함수가 존재한다.

$y=2x-7$이라고 하면 $2x=y+7$, $x=\dfrac{1}{2}y+\dfrac{7}{2}$

x와 y를 서로 바꾸면 $y=\dfrac{1}{2}x+\dfrac{7}{2}$

따라서 $(g^{-1}\circ f)(x)=\dfrac{1}{2}x+\dfrac{7}{2}$이므로

$(g^{-1}\circ f)(-3)=\dfrac{1}{2}\times(-3)+\dfrac{7}{2}=2$

다른 풀이 $(f^{-1}\circ g)(x)=2x-7$에서

$(f^{-1}\circ g)^{-1}(2x-7)=x$, $(g^{-1}\circ f)(2x-7)=x$

$2x-7=-3$에서 $2x=4$, $x=2$

따라서 $(g^{-1}\circ f)(-3)=2$

47 $(f \circ (g \circ f)^{-1} \circ f)(2) = (f \circ f^{-1} \circ g^{-1} \circ f)(2)$
$\qquad\qquad\qquad\qquad\qquad = (g^{-1} \circ f)(2)$
$\qquad\qquad\qquad\qquad\qquad = g^{-1}(f(2))$
$\qquad\qquad\qquad\qquad\qquad = g^{-1}(7)$
$g^{-1}(7) = a$라고 하면 $g(a) = 7$이므로
$2a - 1 = 7$, $a = 4$
따라서 $(f \circ (g \circ f)^{-1} \circ f)(2) = 4$

48 함수 $h(x)$의 역함수 $h^{-1}(x)$에 대하여
$(h \circ h^{-1})(x) = x$, 즉 $h(h^{-1}(x)) = x$
이때 $h(x) = f(4x - 1)$이므로
$h(h^{-1}(x)) = f(4h^{-1}(x) - 1) = x$
$4h^{-1}(x) - 1 = f^{-1}(x)$
따라서 $h^{-1}(x) = \dfrac{1}{4}\{f^{-1}(x) + 1\}$이므로
$h^{-1}(0) = \dfrac{1}{4}\{f^{-1}(0) + 1\}$
$\qquad\quad = \dfrac{1}{4} \times 12 = 3$

[다른 풀이] $f^{-1}(0) = 11$이므로 $f(11) = 0$
$h^{-1}(0) = a$라고 하면 $h(a) = 0$
즉, $h(a) = f(11) = 0$
$h(x) = f(4x - 1)$에서 $h(3) = f(11)$이므로 $a = 3$
따라서 $h^{-1}(0) = 3$

49 $(f \circ f)^{-1}(b) = (f^{-1} \circ f^{-1})(b) = f^{-1}(f^{-1}(b))$
$f^{-1}(b) = k$라고 하면
$f(k) = b$이므로 $k = c$
또, $f^{-1}(c) = l$이라고 하면
$f(l) = c$이므로 $l = d$
따라서 $(f^{-1} \circ f^{-1})(b) = f^{-1}(f^{-1}(b))$
$\qquad\qquad\qquad\qquad\qquad = f^{-1}(c)$
$\qquad\qquad\qquad\qquad\qquad = d$

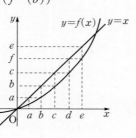

50 함수 $y = f(x)$의 그래프와 그 역함수 $y = f^{-1}(x)$의 그래프는 직선 $y = x$에 대하여 대칭이므로 두 그래프의 교점은 $y = f(x)$의 그래프와 직선 $y = x$의 교점과 같다.
$-2x + a = x$에서 $3x = a$
이때 $x = 2$이므로 $a = 6$
즉, $f(x) = -2x + 6$
$f^{-1}(4) = k$라고 하면 $f(k) = 4$이므로
$f(k) = -2k + 6 = 4$, $-2k = -2$
따라서 $k = 1$

51 함수 $y = f(x)$의 그래프와 그 역함수 $y = f^{-1}(x)$의 그래프는 직선 $y = x$에 대하여 대칭이므로 두 그래프의 교점은 함수 $y = f(x)$의 그래프와 직선 $y = x$의 교점과 같다.
즉, 방정식 $f(x) = f^{-1}(x)$의 근은 방정식 $f(x) = x$의 근과 같으므로

$x^2 - 4x + 6 = x$에서 $x^2 - 5x + 6 = 0$
$(x - 2)(x - 3) = 0$, $x = 2$ 또는 $x = 3$
따라서 모든 실근의 합은 $2 + 3 = 5$

52 함수 $y = f(|x|)$의 그래프는 함수 $y = f(x)$의 그래프에서 $x \geq 0$인 부분만 남기고, $x < 0$인 부분을 없앤 다음 $x \geq 0$인 부분을 y축에 대하여 대칭이동한 것이다.
따라서 함수 $y = f(|x|)$의 그래프의 개형은 ④이다.

53 $y = |x + 3| + |x - 2|$에서 절댓값 기호 안의 식의 값이 0이 되는 x의 값 -3, 2를 경계로 범위를 나누어 생각한다.
(ⅰ) $x < -3$일 때
$\quad y = |x + 3| + |x - 2| = -(x + 3) - (x - 2)$
$\qquad = -2x - 1$
(ⅱ) $-3 \leq x < 2$일 때
$\quad y = |x + 3| + |x - 2| = (x + 3) - (x - 2)$
$\qquad = 5$
(ⅲ) $x \geq 2$일 때
$\quad y = |x + 3| + |x - 2| = (x + 3) + (x - 2)$
$\qquad = 2x + 1$
따라서 (ⅰ), (ⅱ), (ⅲ)에 의해
함수 $y = |x + 3| + |x - 2|$의 그래프는
오른쪽 그림과 같으므로 함수의 최솟값은
5이다.

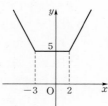

STEP 3 내신 100점 잡기   47~48쪽

54 ①	55 해설 참조	56 ③	57 ②	58 ①
59 ⑤	60 ⑤	61 ①	62 ①	

54 $x \neq 0$인 모든 실수 x에 대하여 $f(x) + 2f\left(\dfrac{1}{x}\right) = 3$이 성립하므로
$x = 5$를 대입하면 $f(5) + 2f\left(\dfrac{1}{5}\right) = 3$ $\quad\cdots\cdots$ ㉠
$x = \dfrac{1}{5}$을 대입하면 $f\left(\dfrac{1}{5}\right) + 2f(5) = 3$ $\quad\cdots\cdots$ ㉡
㉠ $-$ ㉡ $\times$ 2를 하면 $-3f(5) = -3$
따라서 $f(5) = 1$

55 ㉮ $a > 0$일 때
직선 $y = ax + 1$의 기울기는 양수이므로
$a + 2 \geq -1$, $2a + 2 \leq 7$, 즉 $a \geq -3$, $a \leq \dfrac{5}{2}$
그러므로 $0 < a \leq \dfrac{5}{2}$ ($a > 0$에 의해) $\quad\cdots\cdots$ ㉠

❹ $a<0$일 때

직선 $y=ax+1$의 기울기는 음수이므로

$2a+2\geq -1$, $a+2\leq 7$, 즉 $a\geq -\dfrac{3}{2}$, $a\leq 5$

그러므로 $-\dfrac{3}{2}\leq a<0$ ($a<0$에 의해) ...... ㉡

❺ 따라서 ㉠, ㉡에서 상수 a의 값의 범위는

$-\dfrac{3}{2}\leq a<0$ 또는 $0<a\leq \dfrac{5}{2}$

단계	채점 기준	배점 비율
㉮	$a>0$일 때, a의 값의 범위 구하기	40%
㉯	$a<0$일 때, a의 값의 범위 구하기	40%
㉰	a의 값의 범위 구하기	20%

56 $f(x)$가 항등함수이므로

$x^2+3x-8=x$에서 $x^2+2x-8=0$

$(x+4)(x-2)=0$, $x=-4$ 또는 $x=2$

따라서 구하는 집합 X는 $\{-4\}$, $\{2\}$, $\{-4, 2\}$의 3개이다.

57 $f(-1)=-2$

$f^2(-1)=f(f(-1))=f(-2)=2$

$f^3(-1)=f(f^2(-1))=f(2)=1$

$f^4(-1)=f(f^3(-1))=f(1)=0$

$f^5(-1)=f(f^4(-1))=f(0)=-1$

$\vdots$

이므로 $f^{2010}(-1)=f^{5\times 402}(-1)=f^5(-1)=-1$

$f(2)=1$

$f^2(2)=f(f(2))=f(1)=0$

$f^3(2)=f(f^2(2))=f(0)=-1$

$f^4(2)=f(f^3(2))=f(-1)=-2$

$f^5(2)=f(f^4(2))=f(-2)=2$

$\vdots$

이므로 $f^{2010}(2)=f^{5\times 402}(2)=f^5(2)=2$

따라서 $f^{2010}(-1)\times f^{2010}(2)=-1\times 2=-2$

참고 마찬가지 방법으로 하면

$f^5(-2)=-2$, $f^5(0)=0$, $f^5(1)=1$

즉, $f^5(x)=x$이므로 함수 $y=f^5(x)$는 항등함수이다.

58 $f^{-1}(2)=5$이므로 $f(5)=2$

만약 $f(4)=1$이면 일대일대응이 아니므로 역함수가 존재할 수 없다.

즉, $f(3)=1$, $f(4)=5$

따라서 $(f\circ f\circ f)(3)=f(f(f(3)))=f(f(1))$

$\qquad\qquad\qquad\qquad =f(3)=1$

59 $f(4)=1$

$f^2(4)=(f\circ f)(4)=f(1)=2$

$f^3(4)=(f\circ f^2)(4)=f(2)=4$

$f^4(4)=(f\circ f^3)(4)=f(4)=1$

$f^5(4)=(f\circ f^4)(4)=f(1)=2$

$f^6(4)=(f\circ f^5)(4)=f(2)=4$

또, $(f^3)^{-1}(3)=k$라고 하면 $f^3(k)=3$

이때 $f(3)=3$, $f^2(3)=f(f(3))=f(3)=3$,

$f^3(3)=f(f^2(3))=f(3)=3$

이므로 $k=3$

따라서 $f^6(4)+(f^3)^{-1}(3)=4+3=7$

60 $f(x)=\begin{cases}(k+3)x-7 & \left(x\geq \dfrac{1}{3}\right) & \cdots\cdots ㉠ \\ (k-3)x-5 & \left(x<\dfrac{1}{3}\right) & \cdots\cdots ㉡\end{cases}$

이때 $f(x)$의 역함수가 존재하기 위해서는 함수 f가 일대일대응이어야 한다.

따라서 ㉠과 ㉡의 기울기의 부호가 서로 같아야 하므로

$(k+3)(k-3)>0$

즉, $k<-3$ 또는 $k>3$

61 $g^{-1}\circ f^{-1}=(f\circ g)^{-1}$이고,

$(f\circ g)(x)=f(g(x))=2(x-3)-1$

$\qquad\qquad\qquad =2x-7$

$y=2x-7$이라 하고 x에 대하여 풀면

$2x=y+7$, $x=\dfrac{y}{2}+\dfrac{7}{2}$

x와 y를 서로 바꾸면 $y=\dfrac{x}{2}+\dfrac{7}{2}$

즉, $(f\circ g)^{-1}(x)=\dfrac{x}{2}+\dfrac{7}{2}$이므로

$(g^{-1}\circ f^{-1}\circ h)(x)=((f\circ g)^{-1}\circ h)(x)$

$\qquad\qquad\qquad\qquad =(f\circ g)^{-1}(h(x))$

$\qquad\qquad\qquad\qquad =\dfrac{1}{2}h(x)+\dfrac{7}{2}$

따라서 $\dfrac{1}{2}h(x)+\dfrac{7}{2}=f(x)$이므로

양변에 $x=1$을 대입하면

$\dfrac{1}{2}h(1)+\dfrac{7}{2}=f(1)$, $\dfrac{1}{2}h(1)+\dfrac{7}{2}=1$

$\dfrac{1}{2}h(1)=-\dfrac{5}{2}$

따라서 $h(1)=-5$

다른 풀이 $(g^{-1}\circ f^{-1}\circ h)(x)=f(x)$에서 $g^{-1}\circ f^{-1}=(f\circ g)^{-1}$이므로

양변의 왼쪽에 $f\circ g$를 합성하면

$((f\circ g)\circ (f\circ g)^{-1}\circ h)(x)=((f\circ g)\circ f)(x)$

즉, $h(x)=(f\circ g\circ f)(x)$

따라서 $h(1)=f(g(f(1)))=f(g(1))$

$\qquad\qquad =f(-2)=-5$

62 함수 $f(x)$와 함수 $g(x)$는 서로 역함수 관계이므로 두 그래프는 직선 $y=x$에 대하여 대칭이다. 즉, 방정식 $f(x)=g(x)$의 근은

$y=f(x)$의 그래프와 직선 $y=x$의 교점의 x좌표와 같다.

$-2x^2+4x+k=x$에서 $2x^2-3x-k=0$

이때 두 함수 $f(x)$, $g(x)$의 그래프가 만나려면 이차방정식

$2x^2-3x-k=0$이 실근을 가져야 한다.

이차방정식 $2x^2-3x-k=0$의 판별식을 D라고 하면

$D=(-3)^2-4\times2\times(-k)\geq0$에서 $9+8k\geq0$

따라서 $k\geq-\dfrac{9}{8}$

STEP 3 내신 최고 문제   48쪽

63 ①   **64** ⑤

63 (다)에서

$f(2)\leq2$이므로 $f(2)$의 값은 1, 2의 2개이고,

$f(3)\leq3$이므로 $f(3)$의 값은 1, 2, 3의 3개이다.

그런데 f는 일대일대응이므로 $f(3)$의 값은 $f(2)$의 값을 제외한 2개
이다.

$f(4)\leq4$이므로 $f(4)$의 값은 1, 2, 3, 4의 4개이다. 이때 $f(2)$, $f(3)$
의 값을 제외해야 하므로 $f(4)$의 값은 2개이다.

$f(1)$, $f(2)$, $f(3)$, $f(4)$의 값이 정해지므로 $f(5)$의 값은 1개이다.

따라서 구하는 함수 f의 개수는

$1\times2\times2\times2\times1=2^3$

64 $f(x)=\begin{cases} 2x & \left(0\leq x<\dfrac{1}{2}\right) \\ -2x+2 & \left(\dfrac{1}{2}\leq x\leq1\right) \end{cases}$

(i) $0<x<\dfrac{1}{4}$일 때, $0\leq f(x)=2x<\dfrac{1}{2}$이므로

$f(f(x))=f(2x)=2\times2x=4x$

(ii) $\dfrac{1}{4}\leq x<\dfrac{1}{2}$일 때, $\dfrac{1}{2}\leq f(x)=2x<1$이므로

$f(f(x))=f(2x)=-2\times2x+2=-4x+2$

(iii) $\dfrac{1}{2}\leq x<\dfrac{3}{4}$일 때, $\dfrac{1}{2}<f(x)=-2x+2\leq1$이므로

$f(f(x))=f(-2x+2)=-2(-2x+2)+2=4x-2$

(iv) $\dfrac{3}{4}\leq x<1$일 때, $0\leq f(x)=-2x+2\leq\dfrac{1}{2}$이므로

$f(f(x))=f(-2x+2)=2(-2x+2)=-4x+4$

(i)~(iv)에서 함수 $y=f(f(x))$의 그래프는
오른쪽 그림과 같다.

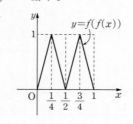

따라서 $y=f(f(x))$의 그래프와 직선
$y=\dfrac{1}{2}$의 교점의 개수는 4이므로

방정식 $f(f(x))=\dfrac{1}{2}$의 실근의 개수는

4이다.

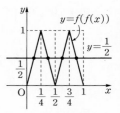

다른 풀이 (i) $0\leq f(x)<\dfrac{1}{2}$일 때

$f(f(x))=\dfrac{1}{2}$에서 $2f(x)=\dfrac{1}{2}$, $f(x)=\dfrac{1}{4}$

$f(x)=\dfrac{1}{4}$을 만족시키는 x의 값은

$2x=\dfrac{1}{4}$ 또는 $-2x+2=\dfrac{1}{4}$, 즉 $x=\dfrac{1}{8}$ 또는 $x=\dfrac{7}{8}$

(ii) $\dfrac{1}{2}\leq f(x)\leq1$일 때

$f(f(x))=\dfrac{1}{2}$에서 $-2f(x)+2=\dfrac{1}{2}$, $f(x)=\dfrac{3}{4}$

$f(x)=\dfrac{3}{4}$을 만족시키는 x의 값은

$2x=\dfrac{3}{4}$ 또는 $-2x+2=\dfrac{3}{4}$, 즉 $x=\dfrac{3}{8}$ 또는 $x=\dfrac{5}{8}$

따라서 (i), (ii)에 의해 방정식 $f(f(x))=\dfrac{1}{2}$의 실근의 개수는 4이다.

02 유리함수와 무리함수

STEP 1 문제로 개념 확인하기   50~51쪽

01 (1) $\dfrac{2}{x(x+2)}$ (2) $\dfrac{x+1}{x-1}$

02 $y=-\dfrac{2}{x-3}-1$ **03** 해설 참조

04 (1) $-1\leq x\leq3$ (2) $1\leq x<4$ **05** $\dfrac{2\sqrt{x}}{x-1}$

06 ㄴ, ㄹ, ㅁ   **07** 해설 참조

01 (1) $\dfrac{1}{x(x+1)}+\dfrac{1}{(x+1)(x+2)}=\dfrac{(x+2)+x}{x(x+1)(x+2)}$

$\qquad\qquad\qquad\qquad\qquad\qquad =\dfrac{2(x+1)}{x(x+1)(x+2)}$

$\qquad\qquad\qquad\qquad\qquad\qquad =\dfrac{2}{x(x+2)}$

(2) $\dfrac{1+\dfrac{1}{x}}{1-\dfrac{1}{x}}=\dfrac{\dfrac{x+1}{x}}{\dfrac{x-1}{x}}=\dfrac{x(x+1)}{x(x-1)}=\dfrac{x+1}{x-1}$

다른 풀이

(1) $\dfrac{1}{x(x+1)}+\dfrac{1}{(x+1)(x+2)}=\left(\dfrac{1}{x}-\dfrac{1}{x+1}\right)+\left(\dfrac{1}{x+1}-\dfrac{1}{x+2}\right)$

$\qquad\qquad\qquad\qquad\qquad\qquad =\dfrac{1}{x}-\dfrac{1}{x+2}=\dfrac{(x+2)-x}{x(x+2)}$

$\qquad\qquad\qquad\qquad\qquad\qquad =\dfrac{2}{x(x+2)}$

02 x 대신 $x-3$을, y 대신 $y+1$을 대입하면

$y+1=-\dfrac{2}{x-3}$, 즉 $y=-\dfrac{2}{x-3}-1$

03 (1) 정의역은 $\{x\,|\,x\neq -2$인 실수$\}$
치역은 $\{y\,|\,y\neq 0$인 실수$\}$
점근선의 방정식은 $x=-2,\ y=0$

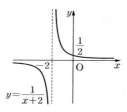

(2) 정의역은 $\{x\,|\,x\neq 1$인 실수$\}$
치역은 $\{y\,|\,y\neq 3$인 실수$\}$
점근선의 방정식은 $x=1,\ y=3$

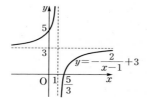

(3) $y=\dfrac{2x}{x+1}=\dfrac{2(x+1)-2}{x+1}$

$\quad =-\dfrac{2}{x+1}+2$

정의역은 $\{x\,|\,x\neq -1$인 실수$\}$
치역은 $\{y\,|\,y\neq 2$인 실수$\}$
점근선의 방정식은 $x=-1,\ y=2$

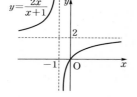

04 (1) $\sqrt{x+1}$에서 $x+1\geq 0,\ x\geq -1$
$\sqrt{3-x}$에서 $3-x\geq 0,\ x\leq 3$
따라서 $-1\leq x\leq 3$

(2) $\sqrt{x-1}$에서 $x-1\geq 0,\ x\geq 1$

$\dfrac{1}{\sqrt{4-x}}$에서 $4-x>0,\ x<4$

따라서 $1\leq x<4$

05 $\dfrac{1}{\sqrt{x}+1}+\dfrac{1}{\sqrt{x}-1}=\dfrac{(\sqrt{x}-1)+(\sqrt{x}+1)}{(\sqrt{x}+1)(\sqrt{x}-1)}$

$\qquad\qquad\qquad\qquad\quad =\dfrac{2\sqrt{x}}{x-1}$

06 ㄱ. $a>0$이면 원점과 제4사분면을 지난다.
ㄷ. $a>0$이든지 $a<0$이든지 치역은 항상 $\{y\,|\,y\leq 0\}$이다.
따라서 옳은 것은 ㄴ, ㄹ, ㅁ이다.

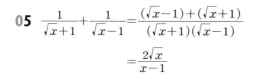

07 (1) $y=\sqrt{2x+4}=\sqrt{2(x+2)}$이므로
정의역은 $\{x\,|\,x\geq -2\}$,
치역은 $\{y\,|\,y\geq 0\}$

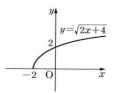

(2) $y=\sqrt{1-x}+2=\sqrt{-(x-1)}+2$
이므로 정의역은 $\{x\,|\,x\leq 1\}$,
치역은 $\{y\,|\,y\geq 2\}$

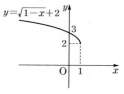

(3) $y=-\sqrt{x+1}-1$에서
정의역은 $\{x\,|\,x\geq -1\}$,
치역은 $\{y\,|\,y\leq -1\}$

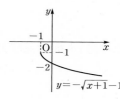

STEP 2 내신등급 쑥쑥 올리기 52~61쪽

01 ③	**02** ①	**03** ③	**04** ②	**05** ③
06 ③	**07** ⑤	**08** ⑤	**09** ⑤	**10** ①
11 ③	**12** 해설 참조	**13** ③	**14** ②	**15** ④
16 ⑤	**17** ②	**18** ④	**19** 해설 참조	**20** ⑤
21 ③	**22** ⑤	**23** ④	**24** ④	**25** ②
26 ①	**27** ①	**28** ③	**29** ②	**30** ④
31 ①	**32** ④	**33** ④	**34** ③	**35** ④
36 ⑤	**37** 해설 참조	**38** ④	**39** ③	**40** 해설 참조
41 ③	**42** ④	**43** ②	**44** ④	**45** ⑤
46 ①	**47** ②	**48** 해설 참조	**49** ④	**50** ①
51 ③	**52** ①	**53** ④	**54** ②	**55** ③
56 해설 참조	**57** ①	**58** ⑤	**59** ④	**60** ②

01 $\dfrac{2x^2-x-1}{3x^2+x-2}\div\dfrac{4x^2-1}{3x^2+7x-6}\times\dfrac{x+1}{x^2+2x-3}$

$=\dfrac{2x^2-x-1}{3x^2+x-2}\times\dfrac{3x^2+7x-6}{4x^2-1}\times\dfrac{x+1}{x^2+2x-3}$

$=\dfrac{(2x+1)(x-1)}{(3x-2)(x+1)}\times\dfrac{(3x-2)(x+3)}{(2x+1)(2x-1)}\times\dfrac{x+1}{(x+3)(x-1)}$

$=\dfrac{1}{2x-1}$

02 $\dfrac{6}{x(x+1)(x-2)}=\dfrac{a}{x(x-2)}+\dfrac{b}{x(x+1)}$

$\qquad\qquad\qquad\quad =\dfrac{a(x+1)+b(x-2)}{x(x+1)(x-2)}$

$\qquad\qquad\qquad\quad =\dfrac{(a+b)x+a-2b}{x(x+1)(x-2)}$

위의 식은 x에 대한 항등식이므로 $a+b=0$, $a-2b=6$

위의 두 식을 연립하여 풀면 $a=2$, $b=-2$

따라서 $\dfrac{a}{3b-a}=\dfrac{2}{3\times(-2)-2}=-\dfrac{2}{8}=-\dfrac{1}{4}$

다른 풀이
$$\dfrac{6}{x(x+1)(x-2)}=\dfrac{6}{x}\left\{\dfrac{1}{(x+1)(x-2)}\right\}$$
$$=\dfrac{6}{x}\left\{\dfrac{1}{x-2-(x+1)}\left(\dfrac{1}{x+1}-\dfrac{1}{x-2}\right)\right\}$$
$$=\dfrac{-2}{x}\left(\dfrac{1}{x+1}-\dfrac{1}{x-2}\right)$$
$$=\dfrac{2}{x(x-2)}-\dfrac{2}{x(x+1)}$$
$$=\dfrac{a}{x(x-2)}+\dfrac{b}{x(x+1)}$$

위의 식은 x에 대한 항등식이므로 $a=2$, $b=-2$

따라서 $\dfrac{a}{3b-a}=\dfrac{2}{-8}=-\dfrac{1}{4}$

참고
$$\dfrac{1}{ABC}=\dfrac{1}{A}\left(\dfrac{1}{BC}\right)=\dfrac{1}{A}\left\{\dfrac{1}{C-B}\left(\dfrac{1}{B}-\dfrac{1}{C}\right)\right\}$$
$$=\dfrac{1}{A(C-B)}\left(\dfrac{1}{B}-\dfrac{1}{C}\right)\text{(단, }A\neq0,\ B\neq0,\ C\neq0,\ B\neq C)$$

03 $\dfrac{2}{x(x+2)}+\dfrac{1}{(x+2)(x+3)}+\dfrac{3}{(x+3)(x+6)}$

$=\left(\dfrac{1}{x}-\dfrac{1}{x+2}\right)+\left(\dfrac{1}{x+2}-\dfrac{1}{x+3}\right)+\left(\dfrac{1}{x+3}-\dfrac{1}{x+6}\right)$

$=\dfrac{1}{x}-\dfrac{1}{x+6}=\dfrac{x+6-x}{x(x+6)}=\dfrac{6}{x(x+6)}$

04 $\dfrac{x-\dfrac{1}{x}}{1-\dfrac{1}{x}}=\dfrac{\dfrac{x^2-1}{x}}{\dfrac{x-1}{x}}=\dfrac{x(x-1)(x+1)}{x(x-1)}=x+1$

05 $1+\dfrac{1}{1-\dfrac{1}{1+\dfrac{1}{x}}}=1+\dfrac{1}{1-\dfrac{1}{\dfrac{x+1}{x}}}=1+\dfrac{1}{1-\dfrac{x}{x+1}}$

$=1+\dfrac{1}{\dfrac{x+1-x}{x+1}}=1+x+1$

$=x+2$

이때 $x=2$이므로 $x+2=2+2=4$

06 $\dfrac{79}{58}=1+\dfrac{21}{58}=1+\dfrac{1}{\dfrac{58}{21}}=1+\dfrac{1}{2+\dfrac{16}{21}}$

$=1+\dfrac{1}{2+\dfrac{1}{\dfrac{21}{16}}}=1+\dfrac{1}{2+\dfrac{1}{1+\dfrac{5}{16}}}$

$=1+\dfrac{1}{2+\dfrac{1}{1+\dfrac{1}{\dfrac{16}{5}}}}=1+\dfrac{1}{2+\dfrac{1}{1+\dfrac{1}{3+\dfrac{1}{5}}}}$

따라서 $a=1$, $b=2$, $c=1$, $d=3$, $e=5$이므로

$a+b+c+d+e=1+2+1+3+5=12$

07 $x\neq0$이므로 $x^2+x+1=0$의 양변을 x로 나누면

$x+1+\dfrac{1}{x}=0$, $x+\dfrac{1}{x}=-1$

따라서

$x+\dfrac{1}{x}+\left(x^2+\dfrac{1}{x^2}\right)+\left(x^3+\dfrac{1}{x^3}\right)$

$=x+\dfrac{1}{x}+\left\{\left(x+\dfrac{1}{x}\right)^2-2\right\}+\left\{\left(x+\dfrac{1}{x}\right)^3-3\left(x+\dfrac{1}{x}\right)\right\}$

$=-1+(-1)+2=0$

다른 풀이 $x^3+x^2+x+\dfrac{1}{x}+\dfrac{1}{x^2}+\dfrac{1}{x^3}=x(x^2+x+1)+\dfrac{x^2+x+1}{x^3}$

$=0+0=0$

08 $y=\dfrac{2x-3}{x-3}=\dfrac{2(x-3)+3}{x-3}$

$=\dfrac{3}{x-3}+2$

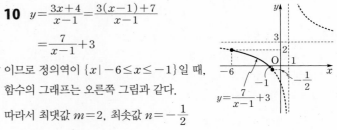

이므로 정의역이

$\{x\,|\,-1\leq x<3,\ 3<x\leq4\}$일 때

함수의 그래프는 오른쪽 그림과 같다.

따라서 치역은 $\left\{y\,\Big|\,y\leq\dfrac{5}{4}\ \text{또는}\ y\geq5\right\}$이다.

09 $y=\dfrac{bx+3}{x+a}=\dfrac{b(x+a)-ab+3}{x+a}=\dfrac{3-ab}{x+a}+b$

이고, 정의역이 $\{x\,|\,x\neq1\text{인 실수}\}$, 치역이 $\{y\,|\,y\neq1\text{인 실수}\}$이므로

$a=-1$, $b=1$

따라서 $b-a=1-(-1)=2$

10 $y=\dfrac{3x+4}{x-1}=\dfrac{3(x-1)+7}{x-1}$

$=\dfrac{7}{x-1}+3$

이므로 정의역이 $\{x\,|\,-6\leq x\leq-1\}$일 때,

함수의 그래프는 오른쪽 그림과 같다.

따라서 최댓값 $m=2$, 최솟값 $n=-\dfrac{1}{2}$

이므로 $mn=-1$

11 주어진 함수의 그래프의 점근선의 방정식이 $x=3$, $y=2$이므로

$y=\dfrac{k}{x-3}+2(k\neq0)$로 놓을 수 있다.

함수의 그래프가 점 $(-1,0)$을 지나므로

$0=\dfrac{k}{-4}+2$, $k=8$

즉, $y=\dfrac{8}{x-3}+2=\dfrac{8+2x-6}{x-3}=\dfrac{2x+2}{x-3}$이므로

$a=2$, $b=1$, $c=-3$

따라서 $a+b+c=0$

12 ㉮ $f(x)=\dfrac{2x-4}{x+a}=\dfrac{2(x+a)-2a-4}{x+a}=-\dfrac{2a+4}{x+a}+2$이므로

점근선의 방정식은 $x=-a$, $y=2$

$g(x)=\dfrac{bx+1}{x+c}=\dfrac{b(x+c)-bc+1}{x+c}=\dfrac{1-bc}{x+c}+b$이므로

점근선의 방정식은 $x=-c$, $y=b$

㉯ 이때 두 함수의 그래프의 점근선이 같으므로 $a=c$, $b=2$

또, $f(-1)=-3$이므로 $\dfrac{-6}{-1+a}=-3$

$3-3a=-6$, $a=3$

㉰ 따라서 $a=3$, $b=2$, $c=3$이므로

$a+b+c=8$

단계	채점 기준	배점 비율
㉮	함수 $f(x)$와 함수 $g(x)$의 점근선의 방정식 구하기	40%
㉯	a, b, c의 값 구하기	40%
㉰	$a+b+c$의 값 구하기	20%

13 $y=\dfrac{1}{x}$의 그래프를 x축의 방향으로 b만큼, y축의 방향으로

c만큼 평행이동하면 $y=\dfrac{1}{x-b}+c=\dfrac{cx-bc+1}{x-b}$

이 식이 $y=\dfrac{3x-a}{x-3}$와 같으므로 $a=8$, $b=3$, $c=3$

따라서 $a-b-c=8-3-3=2$

14 ① $y=\dfrac{x-1}{x+1}=\dfrac{(x+1)-2}{x+1}=-\dfrac{2}{x+1}+1$

이므로 $y=\dfrac{x-1}{x+1}$의 그래프는 $y=-\dfrac{2}{x}$의 그래프를 x축의 방향으로

-1만큼, y축의 방향으로 1만큼 평행이동한 것이다.

② $y=\dfrac{x+2}{x+1}=\dfrac{(x+1)+1}{x+1}=\dfrac{1}{x+1}+1$

이므로 $y=\dfrac{x+2}{x+1}$의 그래프는 $y=\dfrac{1}{x}$의 그래프를 x축의 방향으로

-1만큼, y축의 방향으로 1만큼 평행이동한 것이다.

③ $y=\dfrac{x+2}{x-1}=\dfrac{(x-1)+3}{x-1}=\dfrac{3}{x-1}+1$

이므로 $y=\dfrac{x+2}{x+1}$의 그래프는 $y=\dfrac{3}{x}$의 그래프를 x축의 방향으로

1만큼, y축의 방향으로 1만큼 평행이동한 것이다.

④ $y=\dfrac{x+1}{x-1}=\dfrac{(x-1)+2}{x-1}=\dfrac{2}{x-1}+1$

이므로 $y=\dfrac{x+2}{x+1}$의 그래프는 $y=\dfrac{2}{x}$의 그래프를 x축의 방향으로

1만큼, y축의 방향으로 1만큼 평행이동한 것이다.

⑤ $y=\dfrac{x-2}{x-1}=\dfrac{(x-1)-1}{x-1}=-\dfrac{1}{x-1}+1$

이므로 $y=\dfrac{x+2}{x+1}$의 그래프는 $y=-\dfrac{1}{x}$의 그래프를 x축의 방향으로

1만큼, y축의 방향으로 1만큼 평행이동한 것이다.

따라서 평행이동하여 $y=\dfrac{1}{x}$의 그래프와 겹쳐질 수 있는 것은 ②의 그래프이다.

15 $y=\dfrac{3x+5}{x+2}=\dfrac{3(x+2)-1}{x+2}=-\dfrac{1}{x+2}+3$

이므로 이 그래프를 x축의 방향으로 m만큼, y축의 방향으로 n만큼 평행이동하면

$y=-\dfrac{1}{x-m+2}+3+n$

이 그래프가 $y=\dfrac{2x-3}{x-1}=\dfrac{2(x-1)-1}{x-1}=-\dfrac{1}{x-1}+2$의 그래프와

일치해야 하므로 $-m+2=-1$, $3+n=2$

따라서 $m=3$, $n=-1$이므로 $m+n=2$

16 $y=\dfrac{2}{x-1}+2$의 그래프는 오른쪽

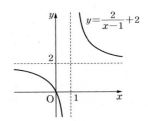

그림과 같다.

① 점 $(1, 2)$에 대하여 대칭이다.

② 제1, 2, 4사분면을 지난다.

③ y축과 교점의 좌표는 $(0, 0)$이다.

④ 정의역은 $x\neq1$인 모든 실수이다.

⑤ 점근선의 방정식은 $x=1$, $y=2$이다.

따라서 옳은 것은 ⑤이다.

17 $y=\dfrac{ax-2}{x+2}=\dfrac{a(x+2)-2a-2}{x+2}=-\dfrac{2a+2}{x+2}+a$

이므로 점근선의 방정식은 $x=-2$, $y=a$

이때 점 $(b, 5)$가 두 점근선의 교점 $(-2, a)$와 일치해야 하므로

$a=5$, $b=-2$

따라서 $a+b=3$

18 $y=\dfrac{4x+3}{2x+2}=\dfrac{2(2x+2)-1}{2x+2}=-\dfrac{1}{2x+2}+2$

이므로 점근선의 방정식은 $x=-1$, $y=2$

따라서 직선 $y=-x+k$가 두 점근선의 교점 $(-1, 2)$를 지나므로

$2=1+k$, 즉 $k=1$

19 ㉮ $y=\dfrac{ax+3}{x+b}=\dfrac{a(x+b)-ab+3}{x+b}=\dfrac{-ab+3}{x+b}+a$

이므로 점근선의 방정식은 $x=-b$, $y=a$

㉯ 이때 두 점근선의 교점 $(-b, a)$가 두 직선 $y=x-3$,

$y=-x+4$의 교점이므로

$a=-b-3$, $a=b+4$

위의 두 식을 연립하여 풀면 $a=\dfrac{1}{2}$, $b=-\dfrac{7}{2}$

㉰ 따라서 $ab=-\dfrac{7}{4}$

단계	채점 기준	배점 비율
㉮	함수 $y=\dfrac{a+3}{x+b}$의 그래프의 점근선의 방정식 구하기	30%
㉯	a, b의 값 구하기	50%
㉰	ab의 값 구하기	20%

20 $y=\dfrac{3}{x}$의 그래프를 x축의 방향으로 3만큼, y축의 방향으로 -2

만큼 평행이동하면

$y=\dfrac{3}{x-3}-2=\dfrac{-2x+9}{x-3}$

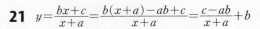

이므로 그래프는 오른쪽 그림과 같다.

또, $\dfrac{-2x+9}{x-3}=\dfrac{ax+b}{x+c}$이므로

$a=-2$, $b=9$, $c=-3$

ㄱ. 제2사분면을 지나지 않는다. (참)

ㄴ. 점근선의 방정식은 $x=3$, $y=-2$이다. (거짓)

ㄷ. $a+b+c=-2+9-3=4$ (참)

ㄹ. 그래프는 두 점근선의 교점 $(3, -2)$를 지나고 기울기가 ±1인 두

직선 $y=x-5$, $y=-x+1$에 대하여 대칭이다. (참)

따라서 옳은 것은 ㄱ, ㄷ, ㄹ이다.

21 $y=\dfrac{bx+c}{x+a}=\dfrac{b(x+a)-ab+c}{x+a}=\dfrac{c-ab}{x+a}+b$

주어진 함수의 그래프의 점근선의 방정식이 $x=1$, $y=2$이므로

$a=-1$, $b=2$

또, 그래프의 개형이 $c-ab<0$인 경우이므로

$c+2<0$, $c<-2$

따라서 $a<0$, $b>0$, $c<0$

22 함수 $y=\dfrac{a}{x-1}+2$의 그래프의 점근

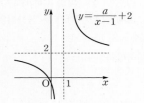

선의 방정식은 $x=1$, $y=2$이고, 이 그래

프가 모든사분면을 지나기 위해서는 오른

쪽 그림과 같이 $x=0$일 때 $y<0$이어야 한

다. 즉,

$\dfrac{a}{0-1}+2<0$, $-a+2<0$

따라서 $a>2$

23 함수 $y=\dfrac{k}{x}$ $(k\neq0)$의 그래프와 직선 $y=-x+2$가 한 점에서

만나므로

$\dfrac{k}{x}=-x+2$에서 $k=-x^2+2x$, $x^2-2x+k=0$

이 이차방정식의 판별식을 D라고 하면

$\dfrac{D}{4}=(-1)^2-k=0$

따라서 $k=1$

24 함수 $y=\dfrac{x+4}{x}$의 그래프와 직선 $y=-x+k$가 서로 만나지

않으므로

$\dfrac{x+4}{x}=-x+k$에서 $x+4=-x^2+kx$, $x^2+(1-k)x+4=0$

이 이차방정식의 판별식을 D라고 하면

$D=(1-k)^2-4\times4<0$

$k^2-2k-15<0$, $(k+3)(k-5)<0$

$-3<k<5$

따라서 정수 k의 개수는 -2, -1, 0, 1, 2, 3, 4의 7이다.

25 $y=\dfrac{2x+5}{x+2}=\dfrac{2(x+2)+1}{x+2}$

$=\dfrac{1}{x+2}+2$

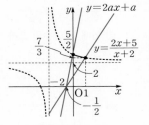

이므로 정의역 $\{x\,|\,0\leq x\leq1\}$에서 함수

의 그래프는 오른쪽과 그림과 같다.

이때 직선 $y=2ax+a$, 즉

$y=(2x+1)a$는 a의 값에 관계없이 점 $\left(-\dfrac{1}{2}, 0\right)$을 지나므로

함수 $y=\dfrac{1}{x+2}+2$의 그래프와 만나려면 두 점 $\left(1, \dfrac{7}{3}\right)$, $\left(0, \dfrac{5}{2}\right)$

사이를 지나야 한다.

(i) 직선 $y=2ax+a$가 점 $\left(1, \dfrac{7}{3}\right)$을 지날 때

$\dfrac{7}{3}=2a+a$, $a=\dfrac{7}{9}$

(ii) 직선 $y=2ax+a$가 점 $\left(0, \dfrac{5}{2}\right)$를 지날 때

$\dfrac{5}{2}=0+a$, $a=\dfrac{5}{2}$

따라서 구하는 실수 a의 값의 범위는 $\dfrac{7}{9}\leq a\leq\dfrac{5}{2}$

26 $f(-1)=\dfrac{-3-1}{-1-1}=2$이므로

$(g\circ f)(-1)=g(f(-1))=g(2)$

$=\dfrac{6-2}{2+2}=1$

27 $f(x)=\dfrac{2x-4}{x}$이므로

$(f\circ f)(x)=\dfrac{2\times\dfrac{2x-4}{x}-4}{\dfrac{2x-4}{x}}=\dfrac{\dfrac{-8}{x}}{\dfrac{2(x-2)}{x}}$

$=-\dfrac{4}{x-2}$

이때 점근선의 방정식이 $x=2$, $y=0$이므로 $p=2$, $q=0$

따라서 $p+q=2$

28 $f(x)=\dfrac{2x-1}{x-2}$에서

$f(3)=\dfrac{2\times3-1}{3-2}=5$

$f^2(3)=(f\circ f)(3)=f(f(3))=f(5)$

$=\dfrac{2\times5-1}{5-2}=3$

$f^3(3)=(f\circ f^2)(3)=f(f^2(3))=f(3)=5$

$f^4(3)=(f\circ f^3)(3)=f(f^3(3))=f(5)=3$

$\vdots$

즉, $f^{2n-1}(3)=5$, $f^{2n}(3)=3$ $(n=1, 2, 3, \cdots)$
따라서 $f^{2018}(3)=f^{2\times1009}(3)=3$

29 $y=\dfrac{ax-1}{x-2}$이라고 하면

$y(x-2)=ax-1$, $(y-a)x=2y-1$

$x=\dfrac{2y-1}{y-a}$

x와 y를 서로 바꾸면 $y=\dfrac{2x-1}{x-a}$

즉, $f^{-1}(x)=\dfrac{2x-1}{x-a}$이고, $f(x)=f^{-1}(x)$이므로

$\dfrac{ax-1}{x-2}=\dfrac{2x-1}{x-a}$

따라서 $a=2$

30 $y=\dfrac{3x+1}{x-1}=\dfrac{3(x-1)+4}{x-1}=\dfrac{4}{x-1}+3$

이므로 점근선의 방정식은 $x=1$, $y=3$이다. 즉, 그래프가 점 $(1, 3)$에 대하여 대칭이므로 역함수의 그래프는 점 $(3, 1)$에 대하여 대칭이다.
따라서 $a=3$, $b=1$이므로
$a-b=3-1=2$

31 $f(x)=\dfrac{ax-1}{x-2}=\dfrac{a(x-2)+2a-1}{x-2}=\dfrac{2a-1}{x-2}+a$

이므로 점근선의 방정식은 $x=2$, $y=a$
주어진 그래프에서 점근선의 방정식이 $x=2$, $y=1$이므로 $a=1$
$f^{-1}(0)=k$라고 하면 $f(k)=0$이므로

$f(k)=\dfrac{k-1}{k-2}=0$, $k=1$

따라서 $f^{-1}(0)=1$

32 $\dfrac{\sqrt{x+3}}{\sqrt{5-x}}$이 실수값을 가지려면

$5-x>0$이어야 하므로 $x<5$ ...... ㉠
$x+3\geq0$이어야 하므로 $x\geq-3$ ...... ㉡
㉠, ㉡의 공통 범위는 $-3\leq x<5$
따라서 모든 정수 x의 값의 합은
$-3+(-2)+(-1)+0+1+2+3+4=4$

33 $\dfrac{\sqrt{3a+2}}{\sqrt{a-3}}=-\sqrt{\dfrac{3a+2}{a-3}}$이므로 $3a+2>0$, $a-3<0$

즉, $-\dfrac{2}{3}<a<3$이므로

$\sqrt{(a-4)^2}+\sqrt{(3a+2)^2}=|a-4|+|3a+2|$
$\qquad\qquad\qquad\qquad\quad=-a+4+3a+2$
$\qquad\qquad\qquad\qquad\quad=2a+6$

참고 제곱근의 성질
① $a<0$, $b<0$이면 $\sqrt{a}\sqrt{b}=-\sqrt{ab}$
② $a>0$, $b<0$이면 $\dfrac{\sqrt{a}}{\sqrt{b}}=-\sqrt{\dfrac{a}{b}}$

34 $x+y=-4<0$, $xy=2>0$이므로 $x<0$, $y<0$

이때 $\dfrac{x}{y}>0$, $\dfrac{y}{x}>0$이므로 $\sqrt{\dfrac{x}{y}}+\sqrt{\dfrac{y}{x}}=k$의 양변을 제곱하면

$\dfrac{x}{y}+2+\dfrac{y}{x}=k^2$, $\dfrac{x^2+y^2}{xy}+2=k^2$

$\dfrac{(x+y)^2-2xy}{xy}+2=k^2$

이때 $x+y=-4$, $xy=2$이므로

$\dfrac{(-4)^2-2\times2}{2}+2=k^2$, $k^2=8$

이때 $k>0$이므로 $k=2\sqrt{2}$

35 $\dfrac{\sqrt{x-2}}{\sqrt{x+2}}+\dfrac{\sqrt{x+2}}{\sqrt{x-2}}=\dfrac{x-2+x+2}{\sqrt{x+2}\sqrt{x-2}}$
$\qquad\qquad\qquad\qquad\qquad=\dfrac{2x}{\sqrt{x^2-4}}$

이 식에 $x=\sqrt{5}$를 대입하면

$\dfrac{2x}{\sqrt{x^2-4}}=\dfrac{2\sqrt{5}}{\sqrt{(\sqrt{5})^2-4}}=2\sqrt{5}$

36 $x=\dfrac{(\sqrt{2}+1)^2}{(\sqrt{2}-1)(\sqrt{2}+1)}=3+2\sqrt{2}$

$y=\dfrac{(\sqrt{2}-1)^2}{(\sqrt{2}+1)(\sqrt{2}-1)}=3-2\sqrt{2}$

이므로 $x+y=6$, $xy=1$

따라서 $\dfrac{\sqrt{y}}{\sqrt{x}}+\dfrac{\sqrt{x}}{\sqrt{y}}=\dfrac{x+y}{\sqrt{xy}}=\dfrac{6}{1}=6$

37 ㉮ $\sqrt{1-x}=\sqrt{1-\dfrac{2a}{a^2+1}}=\sqrt{\dfrac{(a-1)^2}{a^2+1}}=\dfrac{a-1}{\sqrt{a^2+1}}$ $(a-1>0)$

㉯ $\sqrt{1+x}=\sqrt{1+\dfrac{2a}{a^2+1}}=\sqrt{\dfrac{(a+1)^2}{a^2+1}}=\dfrac{a+1}{\sqrt{a^2+1}}$ $(a+1>0)$

㉰ 따라서 $\dfrac{\sqrt{1-x}+\sqrt{1+x}}{\sqrt{1-x}-\sqrt{1+x}}=\dfrac{\dfrac{a-1}{\sqrt{a^2+1}}+\dfrac{a+1}{\sqrt{a^2+1}}}{\dfrac{a-1}{\sqrt{a^2+1}}-\dfrac{a+1}{\sqrt{a^2+1}}}$

$\qquad\qquad\qquad\qquad\qquad=\dfrac{\dfrac{2a}{\sqrt{a^2+1}}}{\dfrac{-2}{\sqrt{a^2+1}}}=-a$

단계	채점 기준	배점 비율
㉮	$\sqrt{1-x}$를 a에 대한 식으로 나타내기	25%
㉯	$\sqrt{1+x}$를 a에 대한 식으로 나타내기	25%
㉰	주어진 식을 a에 대한 식으로 나타내기	50%

38 $f(n)=\sqrt{2n+1}+\sqrt{2n-1}$이므로

$\dfrac{1}{f(n)}=\dfrac{1}{\sqrt{2n+1}+\sqrt{2n-1}}$

$\qquad=\dfrac{\sqrt{2n+1}-\sqrt{2n-1}}{(\sqrt{2n+1}+\sqrt{2n-1})(\sqrt{2n+1}-\sqrt{2n-1})}$

$\qquad=\dfrac{\sqrt{2n+1}-\sqrt{2n-1}}{2}$

따라서
$$\frac{1}{f(1)}+\frac{1}{f(2)}+\frac{1}{f(3)}+\cdots+\frac{1}{f(40)}$$
$$=\frac{1}{2}\{(\sqrt{3}-\sqrt{1})+(\sqrt{5}-\sqrt{3})+(\sqrt{7}-\sqrt{5})+\cdots$$
$$+(\sqrt{79}-\sqrt{77})+(\sqrt{81}-\sqrt{79})\}$$
$$=\frac{1}{2}(-\sqrt{1}+\sqrt{81})=4$$

39 $\dfrac{x}{\sqrt{2}+1}+\dfrac{y}{\sqrt{2}-1}=\dfrac{7}{3+\sqrt{2}}$에서
$x(\sqrt{2}-1)+y(\sqrt{2}+1)=3-\sqrt{2}$
$(-x+y)+(x+y)\sqrt{2}=3-\sqrt{2}$ ······ ㉠
이때 x, y가 유리수이므로 $-x+y$, $x+y$도 유리수이다.
㉠에서 무리수가 서로 같은 조건에 의하여
$-x+y=3$, $x+y=-1$
위의 두 식을 연립하여 풀면 $x=-2$, $y=1$
따라서 $x^2+y^2=4+1=5$

40 ㉮ $x^2-\sqrt{2}y^2-x-\sqrt{2}y-12+12\sqrt{2}=0$에서
$(x^2-x-12)-(y^2+y-12)\sqrt{2}=0$
㉯ x, y가 유리수이므로 무리수가 서로 같을 조건에 의하여
$x^2-x-12=0$ ······ ㉠
$y^2+y-12=0$ ······ ㉡
㉰ ㉠에서 $(x+3)(x-4)=0$, $x=-3$ 또는 $x=4$
㉡에서 $(y+4)(y-3)=0$, $y=-4$ 또는 $y=3$
따라서 $x-y$의 최댓값은 $4-(-4)=8$

단계	채점 기준	배점 비율
㉮	주어진 식을 유리수 부분과 무리수 부분으로 정리하기	25%
㉯	무리수가 서로 같은 조건을 이용하여 식 세우기	35%
㉰	$x-y$의 최댓값 구하기	40%

41 함수 $y=\sqrt{x+4}-1$의 그래프는
오른쪽 그림과 같다.
따라서 치역이 $\{y\,|\,-1\le y\le 2\}$일 때,
정의역은 $\{x\,|\,-4\le x\le 5\}$이므로
$a=-4$, $b=5$
즉, $b-a=5-(-4)=9$

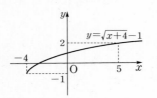

42 $ax+b\ge0$에서 $ax\ge-b$
이때 정의역이 $\{x\,|\,x\ge-2\}$이려면 $a>0$이어야 하므로
$x\ge-\dfrac{b}{a}$
즉, $-\dfrac{b}{a}=-2$에서 $b=2a$ ······ ㉠
치역이 $\{y\,|\,y\le c\}$이므로 $c=1$
또, 그래프가 점 $(-1, -1)$을 지나므로
$-\sqrt{-a+b}+1=-1$, $-\sqrt{-a+b}=-2$
$\sqrt{-a+b}=2$, $b-a=4$ ······ ㉡

㉠, ㉡을 연립하여 풀면 $a=4$, $b=8$
따라서 $a+b+c=13$

43 함수 $y=\sqrt{3-x}+b$는 $x=-1$일 때 최댓값 5, $x=a$일 때 최솟값 4를 가지므로
$5=2+b$에서 $b=3$
$4=\sqrt{3-a}+3$에서 $\sqrt{3-a}=1$, $3-a=1$, $a=2$
따라서 $b-a=3-2=1$

참고 정의역이 $\{x\,|\,p\le x\le q\}$일 때, 함수 $y=\sqrt{ax+b}+c$의 최댓값과 최솟값
① $a>0$인 경우
  $x=p$일 때 최솟값, $x=q$일 때 최댓값을 가진다.
② $a<0$인 경우
  $x=p$일 때 최댓값, $x=q$일 때 최솟값을 가진다.

44 ① 함수 $y=\sqrt{x}$의 그래프는 함수 $y=-\sqrt{x}$의 그래프를 x축에 대하여 대칭이동한 것이다.
② 함수 $y=\sqrt{-x}$의 그래프는 함수 $y=-\sqrt{x}$의 그래프를 원점에 대하여 대칭이동한 것이다.
③ 함수 $y=-\sqrt{-x}$의 그래프는 함수 $y=-\sqrt{x}$의 그래프를 y축에 대하여 대칭이동한 것이다.
④ 함수 $y=-2\sqrt{x}$의 그래프를 평행이동 또는 대칭이동하여 함수 $y=-\sqrt{x}$의 그래프와 겹칠 수 없다.
⑤ 함수 $y=-\sqrt{x-1}+4$의 그래프는 함수 $y=-\sqrt{x}$의 그래프를 x축의 방향으로 1만큼, y축의 방향으로 4만큼 평행이동한 것이다.

45 $y=-\sqrt{-2x+2}-3$
$=-\sqrt{-2(x-1)}-3$
의 그래프는 오른쪽 그림과 같으므로
제3, 4 사분면을 지난다.

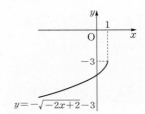

46 $y=\sqrt{2x-6}+1=\sqrt{2(x-3)}+1$의 그래프는 $y=\sqrt{2x}$의 그래프를 x축의 방향으로 3만큼, y축의 방향으로 1만큼 평행이동한 것이다.
따라서 $p=3$, $q=1$이므로 $p-q=2$

47 $y=\sqrt{a(x+2)}+3$의 그래프를 x축의 방향으로 1만큼, y축의 방향으로 -2만큼 평행이동하면
$y=\sqrt{a(x-1+2)}+3-2=\sqrt{a(x+1)}+1$
이 그래프가 점 $(2, 4)$를 지나므로
$\sqrt{3a}+1=4$, $\sqrt{3a}=3$, $3a=9$
따라서 $a=3$

48 ㉮ 주어진 그래프는 $y=a\sqrt{x}\,(a>0)$의 그래프를 x축의 방향으로 -4만큼, y축의 방향으로 -2만큼 평행이동한 것이므로
$y=a\sqrt{x+4}-2$

ㄴ 이 그래프가 점 $(0, 2)$를 지나므로
$$2 = 2a - 2, \ a = 2$$

ㄷ 즉, $y = 2\sqrt{x+4} - 2$이므로 $y = 0$을 대입하면
$$0 = 2\sqrt{x+4} - 2, \ \sqrt{x+4} = 1$$
$$x + 4 = 1, \ x = -3$$

따라서 그래프와 x축의 교점의 좌표는 $(-3, 0)$이다.

단계	채점 기준	배점 비율
ㄱ	주어진 그래프를 보고 함수의 식을 $y = a\sqrt{x+4} - 2$로 놓기	40%
ㄴ	그래프가 점 $(0, 2)$를 지나는 것을 이용하여 a의 값 구하기	30%
ㄷ	그래프와 x축의 교점의 좌표 구하기	30%

49 ① 정의역은 $a > 0$이면 $\{x \mid x \geq 0\}$, $a < 0$이면 $\{x \mid x \leq 0\}$이다. (거짓)

② 치역은 $\{y \mid y \geq 0\}$이다. (거짓)

③ $a > 0$이면 원점과 제1사분면을 지난다. (거짓)

④ $y = \sqrt{ax}$의 그래프를 x축에 대하여 대칭이동하면 $-y = \sqrt{ax}$, 즉 $y = -\sqrt{ax}$이다. (참)

⑤ $y = \sqrt{ax}$의 그래프를 원점에 대하여 대칭이동하면 $-y = \sqrt{-ax}$, 즉 $y = -\sqrt{-ax}$이다. (거짓)

따라서 옳은 것은 ④이다.

50 $y = -\sqrt{3x-3} + 2 = -\sqrt{3(x-1)} + 2$
의 그래프는 오른쪽 그림과 같다.

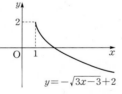

ㄱ. 치역은 $\{y \mid y \leq 2\}$이다. (참)

ㄴ. $y = -\sqrt{3x}$의 그래프를 x축의 방향으로 1만큼, y축의 방향으로 2만큼 평행이동한 것이다. (참)

ㄷ. 제1, 4사분면을 지난다. (거짓)

ㄹ. $y = \sqrt{3x}$의 그래프와는 평행이동하여 겹쳐질 수 없다. (거짓)

따라서 옳은 것은 ㄱ, ㄴ이다.

51 $y = \dfrac{ax+b}{x+c} + \dfrac{a(x+c) - ac + b}{x+c} = \dfrac{b-ac}{x+c} + a$이므로

점근선의 방정식은 $x = -c$, $y = a$이다.

그래프에서 $-c > 0$, $a > 0$이므로 $c < 0$, $a > 0$

또, $x = 0$일 때 $y > 0$이므로 $\dfrac{b}{c} > 0$

이때 $c < 0$이므로 $b < 0$

따라서 함수 $y = c\sqrt{-bx + a} + a = c\sqrt{-b\left(x - \dfrac{a}{b}\right)} + a$의 그래프는

함수 $y = c\sqrt{-bx} \ (-b > 0, \ c < 0)$의 그래프를 x축의 방향으로 $\dfrac{a}{b}(<0)$만큼, y축의 방향으로 $a(>0)$만큼 평행이동한 것이므로

그래프의 개형은 ③이다.

52 함수 $y = \sqrt{x-5}$의 그래프와 직선 $y = x + k$가 접하므로
$$\sqrt{x-5} = x + k$$에서 $x - 5 = x^2 + 2kx + k^2$
$$x^2 + (2k-1)x + k^2 + 5 = 0$$

이 이차방정식의 판별식을 D라고 하면
$$D = (2k-1)^2 - 4(k^2 + 5) = 0$$
$$4k^2 - 4k + 1 - 4k^2 - 20 = 0, \ -4k - 19 = 0$$

따라서 $k = -\dfrac{19}{4}$

53 직선 $y = mx + 2$가 함수 $y = \sqrt{-x+2} - 4$의 그래프와 만나지 않으려면
$$mx + 2 = \sqrt{-x+2} - 4$$에서 $mx + 6 = \sqrt{-x+2}$
$$m^2x^2 + 12mx + 36 = -x + 2$$
$$m^2x^2 + (12m+1)x + 34 = 0$$

이 이차방정식의 판별식 D라고 하면
$$D = (12m+1)^2 - 4m^2 \times 34 < 0$$
$$144m^2 + 24m + 1 - 136m^2 < 0$$
$$8m^2 + 24m + 1 < 0$$

따라서 $\dfrac{-6-\sqrt{34}}{4} < m < \dfrac{-6+\sqrt{34}}{4}$이므로 정수 m의 최댓값은
-1이다.

54 $2ax = 3\sqrt{x-1}$의 해가 존재하려면 두 함수 $y = 2ax$, $y = 3\sqrt{x-1}$의 그래프가 만나야 한다.

오른쪽 그림에서

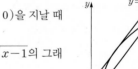

(i) 직선 $y = 2ax$가 점 $(1, 0)$을 지날 때
$$2a = 0, \ a = 0$$

(ii) 직선 $y = 2ax$와 $y = 3\sqrt{x-1}$의 그래프가 접할 때
$$2ax = 3\sqrt{x-1}$$에서 $4a^2x^2 = 9x - 9$
$$4a^2x^2 - 9x + 9 = 0$$

이 이차방정식의 판별식을 D라고 하면
$$D = (-9)^2 - 4 \times 4a^2 \times 9 = 0$$
$$81 - 144a^2 = 0, \ a^2 = \dfrac{9}{16}, \ a = \pm\dfrac{3}{4}$$

그런데 $a < 0$일 때에는 함수 $y = 3\sqrt{x-1}$의 그래프와 만나지 않으므로 $a = \dfrac{3}{4}$

(i), (ii)에서 $0 \leq a \leq \dfrac{3}{4}$

따라서 $\alpha = 0$, $\beta = \dfrac{3}{4}$이므로 $\beta - \alpha = \dfrac{3}{4}$

55 $(f \circ f^{-1} \circ f^{-1})(2) = f^{-1}(2)$

$f^{-1}(2) = a$라고 하면 $f(a) = 2$이므로
$$\sqrt{3a-5} = 2, \ 3a - 5 = 4, \ a = 3$$

따라서 $(f \circ f^{-1} \circ f^{-1})(2) = f^{-1}(2) = 3$

56 ㉮ $y=\sqrt{2x-2}+3$에서 $y-3=\sqrt{2x-2}$

양변을 제곱하면 $(y-3)^2=2x-2$

$2x=(y-3)^2+2$, $x=\dfrac{1}{2}(y-3)^2+1$

따라서 x와 y를 서로 바꾸면 역함수는 $y=\dfrac{1}{2}(x-3)^2+1$

㉯ 또, $y=\sqrt{2x-2}+3=\sqrt{2(x-1)}+3$에서 정의역이 $\{x|x\geq1\}$, 치역이 $\{y|y\geq3\}$이므로 역함수의 정의역은 $\{x|x\geq3\}$, 치역은 $\{y|y\geq1\}$이다.

단계	채점 기준	배점 비율
㉮	$y=\sqrt{2x-2}+3$의 역함수 구하기	70%
㉯	$y=\sqrt{2x-2}+3$의 정의역과 치역을 이용하여 역함수의 정의역과 치역 구하기	30%

57 점 $(1,3)$이 함수 $y=f(x)$의 그래프 위의 점이므로 $f(1)=3$

즉, $\sqrt{a-b}=3$, $a-b=9$ ······ ㉠

또, 점 $(1,3)$이 함수 $y=f^{-1}(x)$의 그래프 위의 점이므로

$f^{-1}(1)=3$에서 $f(3)=1$

즉, $\sqrt{3a-b}=1$, $3a-b=1$ ······ ㉡

㉠, ㉡을 연립하여 풀면 $a=-4$, $b=-13$

따라서 $a+b=-17$

다른 풀이 점 $(1,3)$이 함수 $y=f(x)$의 그래프 위의 점이므로

$\sqrt{a-b}=3$, $a-b=9$ ······ ㉠

$y=\sqrt{ax-b}$라고 하면 $y^2=ax-b$, $ax=y^2+b$

$x=\dfrac{1}{a}y^2+\dfrac{b}{a}$

x와 y를 서로 바꾸면 역함수는 $y=\dfrac{1}{a}x^2+\dfrac{b}{a}$

이 함수의 그래프도 점 $(1,3)$을 지나므로

$\dfrac{1}{a}+\dfrac{b}{a}=3$, $1+b=3a$, $3a-b=1$ ······ ㉡

㉠, ㉡을 연립하여 풀면 $a=-4$, $b=-13$

따라서 $a+b=-17$

58 $(g^{-1}\circ f)(4)=g^{-1}(f(4))=g^{-1}(3)$

$g^{-1}(3)=a$라고 하면 $g(a)=3$이므로

$\sqrt{3a+1}-1=3$, $\sqrt{3a+1}=4$

$3a+1=16$, $3a=15$, $a=5$

따라서 $(g^{-1}\circ f)(4)=5$

59 두 함수 $y=\sqrt{x+2}$, $x=\sqrt{y+2}$는 서로 역함수 관계이므로

두 그래프의 교점은 $y=\sqrt{x+2}$의 그래프와 직선 $y=x$의 교점과 같다.

$\sqrt{x+2}=x$에서 $x+2=x^2$

$x^2-x-2=0$, $(x+1)(x-2)=0$

$x=-1$ 또는 $x=2$

그런데 $x=-1$일 때에는 교점이 생기지 않으므로 $x=2$, 즉 교점의 좌표는 $(2,2)$이다.

따라서 $a=2$, $b=2$이므로 $a+b=4$

60 $y=\sqrt{x-2}+2$의 그래프와 그 역함수의 그래프는 직선 $y=x$에 대하여 서로 대칭이므로 두 그래프의 교점은 $y=\sqrt{x-2}+2$의 그래프와 직선 $y=x$의 교점과 같다.

$x=\sqrt{x-2}+2$에서 $\sqrt{x-2}=x-2$

$x-2=x^2-4x+4$, $x^2-5x+6=0$

$(x-2)(x-3)=0$, $x=2$ 또는 $x=3$

따라서 두 교점의 좌표는 $(2,2)$, $(3,3)$이므로 두 점 사이의 거리는

$\sqrt{(3-2)^2+(3-2)^2}=\sqrt{2}$

STEP 3 내신 100점 잡기   62~63쪽

61 ②	**62** ①	**63** 해설 참조	**64** ⑤	**65** ②
66 ②	**67** ⑤	**68** ②	**69** ④	

61 $y=\dfrac{2x-7}{2x+1}=\dfrac{2x+1-8}{2x+1}=\dfrac{8}{2x+1}+1$

y의 값이 정수이려면 $2x+1$의 값이 $\pm(8$의 약수$)$이어야 하므로

$2x+1=\pm1$, ±2, ±4, ±8

또, x의 값이 정수이려면 $2x+1=\pm1$, $x=0$ 또는 $x=-1$

따라서 x좌표, y좌표가 모두 정수인 점의 좌표는 $(0,-7)$, $(-1,9)$이므로 $a+b+c+d=1$

62 $y=\dfrac{-x}{x+a}=\dfrac{-(x+a)+a}{x+a}=\dfrac{a}{x+a}-1$이므로 점근선의 방정식은 $x=-a$, $y=-1$

$y=\dfrac{ax+1}{x-2}=\dfrac{a(x-2)+2a+1}{x-2}=\dfrac{2a+1}{x-2}+a$이므로 점근선의 방정식은 $x=2$, $y=a$

따라서 두 함수의 그래프의 점근선으로 둘러싸인 부분은 오른쪽 그림의 색칠한 부분과 같으므로

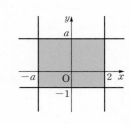

$(a+2)(a+1)=6$

$a^2+3a+2=6$, $a^2+3a-4=0$

$(a+4)(a-1)=0$

이때 $a>0$이므로 $a=1$

63 ㉮ $f(x)=\dfrac{ax+4}{x-b}=\dfrac{a(x-b)+ab+4}{x-b}=\dfrac{ab+4}{x-b}+a$

이므로 점근선의 방정식은 $x=b$, $y=a$

㉯ 점근선의 교점 (b,a)가 직선 $y=x$ 위에 존재해야 하므로

$a=b$ ······ ㉠

㉰ 또, $f(0)=\dfrac{4}{-b}=2$이므로 $b=-2$

$b=-2$를 ㉠에 대입하면 $a=-2$

㉣ 따라서 $f(x)=\dfrac{-2x+4}{x+2}$이므로 $f(6)=-1$

단계	채점 기준	배점 비율
㉠	$f(x)=\dfrac{ax+4}{x-b}$의 점근선의 방정식 구하기	40%
㉡	점근선의 교점이 직선 $y=x$ 위에 있음을 이용하여 $a=b$임을 알기	20%
㉢	조건 $f(0)=2$를 이용하여 a, b의 값을 각각 구하기	20%
㉣	$f(6)$의 값 구하기	20%

64 $y=\dfrac{x+1}{x-1}=\dfrac{(x-1)+2}{x-1}$

$=\dfrac{2}{x-1}+1$

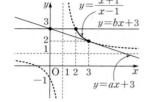

이므로 $2\le x\le3$에서 함수 $y=\dfrac{x+1}{x-1}$

의 그래프는 오른쪽 그림과 같다. 이때

두 직선 $y=ax+3$, $y=bx+3$은 a, b의 값에 관계없이 점 $(0, 3)$을

지나므로 $2\le x\le3$에서 $ax+3\le\dfrac{x+1}{x-1}\le bx+3$이 항상 성립하려면

직선 $y=ax+3$은 점 $(3, 2)$를 지날 때보다 기울기가 작거나 같아야

하고, 직선 $y=bx+3$은 점 $(2, 3)$을 지날 때보다 기울기가 크거나 같

아야 한다.

즉, $a\le-\dfrac{1}{3}$, $b\ge0$

따라서 a의 최댓값은 $-\dfrac{1}{3}$, b의 최솟값은 0이므로 그 합은 $-\dfrac{1}{3}$이다.

65 $y=\dfrac{x+1}{x-2}$이라고 하면 $(x-2)y=x+1$

$xy-2y=x+1$, $xy-x=2y+1$

$(y-1)x=2y+1$, $x=\dfrac{2y+1}{y-1}$

x와 y를 서로 바꾸면 $y=\dfrac{2x+1}{x-1}$

즉, $f^{-1}(x)=\dfrac{2x+1}{x-1}=\dfrac{2(x-1)+3}{x-1}=\dfrac{3}{x-1}+2$

이때 $f(x)=\dfrac{x+1}{x-2}=\dfrac{(x-2)+3}{x-2}=\dfrac{3}{x-2}+1$의 그래프를 x축의 방향

으로 a만큼, y축의 방향으로 b만큼 평행이동하면

$y=\dfrac{3}{x-a-2}+1+b$

따라서 $a+2=1$, $b+1=2$이므로 $a=-1$, $b=1$

즉, $b-a=1-(-1)=2$

다른 풀이 $f(x)=\dfrac{x+1}{x-2}=\dfrac{3}{x-2}+1$에서 점근선의 방정식은 $x=2$, $y=1$

이때 주어진 함수의 그래프를 x축의 방향으로 a만큼, y축의 방향으로 b만큼 평

행이동하면 점근선의 방정식은 $x=2+a$, $y=1+b$ ⋯⋯ ㉠

한편, $f(x)=\dfrac{x+1}{x-2}$의 역함수는 $f^{-1}(x)=\dfrac{2x+1}{x-1}=\dfrac{3}{x-1}+2$이므로

점근선의 방정식은 $x=1$, $y=2$ ⋯⋯ ㉡

㉠, ㉡이 서로 일치하므로 $2+a=1$, $1+b=2$

따라서 $a=-1$, $b=1$이므로 $b-a=2$

66 $f_2(x)=\dfrac{1}{1-\dfrac{1}{x}}=\dfrac{1}{\dfrac{x-1}{x}}=\dfrac{x}{x-1}$

$f_3(x)=\dfrac{1}{1-f_2(x)}=\dfrac{1}{1-\dfrac{x}{x-1}}=\dfrac{1}{\dfrac{x-1-x}{x-1}}=1-x$

ㄱ. $f_4(x)=\dfrac{1}{1-f_3(x)}=\dfrac{1}{1-1+x}=\dfrac{1}{x}$ (거짓)

ㄴ. ㄱ에서 $f_4(x)=f_1(x)$이므로 $f_n(x)=f_{n+3}(x)$ (참)

ㄷ. $f_1(x)\times f_2(x)\times f_3(x)=\dfrac{1}{x}\times\dfrac{x}{x-1}\times(1-x)=-1$

이고, ㄴ에서 $f_n(x)=f_{n+3}(x)$이므로

$f_1(x)\times f_2(x)\times f_3(x)\times\cdots\times f_{202}(x)$

$=(-1)^{67}\times f_{202}(x)=-f_1(x)$ (거짓)

따라서 옳은 것은 ㄴ이다.

67 $y=\dfrac{4x-5}{2x+2}=\dfrac{2(2x+2)-9}{2x+2}$

$=-\dfrac{9}{2x+2}+2$

$=-\dfrac{9}{2(x+1)}+2$

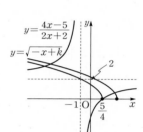

이고, $y=\sqrt{-x+k}=\sqrt{-(x-k)}$의

그래프는 $y=\sqrt{-x}$의 그래프를 x축의

방향으로 k만큼 평행이동한 것이다.

이때 두 함수의 그래프가 서로 다른 두 점에서 만나려면 $y=\dfrac{4x-5}{2x+2}$에서

$y=0$일 때 $x=\dfrac{5}{4}$이므로 $k\ge\dfrac{5}{4}$이어야 한다.

따라서 정수 k의 최솟값은 2이다.

68 $y=\dfrac{ax+b}{x+c}=\dfrac{a(x+c)-ac+b}{x+c}=\dfrac{-ac+b}{x+c}+a$

이므로 점근선의 방정식은 $x=-c$, $y=a$

이때 주어진 그림에서 점근선의 방정식이 $x=-1$, $y=2$이므로

$a=2$, $c=1$

또, 함수 $y=\dfrac{2x+b}{x+1}$의 그래프가 점 $(0, 1)$을 지나므로

$b=1$

따라서 함수 $y=\sqrt{-2x+1}+1$의 그래프

는 오른쪽 그림과 같으므로 제1, 2사분면

을 지난다.

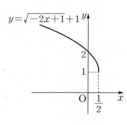

69 $\overline{P_1Q_1}=\sqrt{2}-0$

$\overline{P_2Q_2}=\sqrt{3}-\sqrt{1}$

$\overline{P_3Q_3}=\sqrt{4}-\sqrt{2}$

$\overline{P_4Q_4}=\sqrt{5}-\sqrt{3}$

⋮

$\overline{P_{48}Q_{48}}=\sqrt{49}-\sqrt{47}$

$\overline{P_{49}Q_{49}}=\sqrt{50}-\sqrt{48}$

이므로 $\overline{P_1Q_1}+\overline{P_2Q_2}+\cdots+\overline{P_{49}Q_{49}}=-\sqrt{1}+\sqrt{49}+\sqrt{50}$

$$=-1+7+\sqrt{50}$$
$$=6+5\sqrt{2}$$

따라서 $a=6$, $b=5$이므로

$\dfrac{1}{2}ab=\dfrac{1}{2}\times 6\times 5=15$

STEP 3 내신 최고 문제   63쪽

70 ③	**71** ①

70 $f(x)=\begin{cases}\sqrt{-2x+a}+1\ (x<1)\\ -\sqrt{2x-2}+b\ (x\geq 1)\end{cases}$ 가 일대일대응이면

오른쪽 그림과 같이
$y=\sqrt{-2x+a}+1$

$=\sqrt{-2\left(x-\dfrac{a}{2}\right)}+1$의 그래프

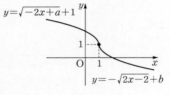

위의 점 $\left(\dfrac{a}{2},\ 1\right)$과

$y=-\sqrt{2x-2}+b=-\sqrt{2(x-1)}+b$의 그래프 위의 점 $(1,\ b)$가 일치해야 한다.

따라서 $a=2$, $b=1$이므로

$f(x)=\begin{cases}\sqrt{-2x+2}+1\ (x<1)\\ -\sqrt{2x-2}+1\ (x\geq 1)\end{cases}$

$f^{-1}(2)=p$, $f^{-1}(-2)=q$라고 하면 $f(p)=2$, $f(q)=-2$이므로

$\sqrt{-2p+2}+1=2$에서 $\sqrt{-2p+2}=1$

$-2p+2=1$, $p=\dfrac{1}{2}$

$-\sqrt{2q-2}+1=-2$에서 $\sqrt{2p-2}=3$

$2q-2=9$, $q=\dfrac{11}{2}$

따라서 $f^{-1}(2)+f^{-1}(-2)=p+q=6$

71 두 함수 $y=\sqrt{2x+1}$, $y=x+k$의 그래프를 그리면 오른쪽 그림과 같다.

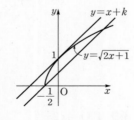

(i) 직선 $y=x+k$가 점 $\left(-\dfrac{1}{2},\ 0\right)$을 지날 때

$-\dfrac{1}{2}+k=0$, $k=\dfrac{1}{2}$

(ii) 직선 $y=x+k$가 함수 $y=\sqrt{2x+1}$의 그래프에 접할 때

$\sqrt{2x+1}=x+k$의 양변을 제곱하여 정리하면

$x^2+(2k-2)x+k^2-1=0$

이 이차방정식의 판별식을 D라고 하면

$\dfrac{D}{4}=(k-1)^2-k^2+1=0$

$-2k+2=0$, $k=1$

따라서 함수 $y=\sqrt{2x+1}$의 그래프와 직선 $y=x+k$가 서로 다른 두 점에서 만나는 k의 값의 범위는 $\dfrac{1}{2}\leq k<1$이고 이때 $f(k)=2$

또, $k>1$일 때 두 그래프는 만나지 않으므로 $f(k)=0$이고,

$k<\dfrac{1}{2}$ 또는 $k=1$일 때 두 그래프는 한 점에서 만나므로 $f(k)=1$

즉, $f(k)=\begin{cases}1\ \left(k<\dfrac{1}{2}\ 또는\ k=1\right)\\ 2\ \left(\dfrac{1}{2}\leq k<1\right)\\ 0\ (k>1)\end{cases}$

따라서 구하는 그래프는 ①이다.

Ⅲ 경우의 수

01 경우의 수

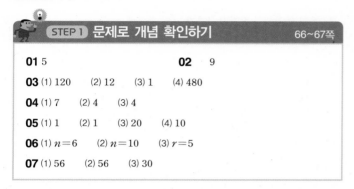

STEP 1 문제로 개념 확인하기 66~67쪽

01 5 **02** 9

03 (1) 120 (2) 12 (3) 1 (4) 480

04 (1) 7 (2) 4 (3) 4

05 (1) 1 (2) 1 (3) 20 (4) 10

06 (1) $n=6$ (2) $n=10$ (3) $r=5$

07 (1) 56 (2) 56 (3) 30

---

01 (i) 두 눈의 수의 합이 3인 경우: $(1, 2)$, $(2, 1)$의 2가지
(ii) 두 눈의 수의 합이 4인 경우: $(1, 3)$, $(2, 2)$, $(3, 1)$의 3가지
따라서 (i), (ii)에 의해 구하는 경우의 수는 $2+3=5$

02 두 주사위의 눈의 수가 모두 홀수이어야 두 눈의 수의 곱이 홀수가 된다.
따라서 홀수의 눈은 1, 3, 5이므로 구하는 경우의 수는 $3 \times 3 = 9$

03 (1) $_6P_3 = 6 \times 5 \times 4 = 120$
(2) $_{12}P_1 = 12$
(3) $_8P_8 = 1$
(4) $_5P_2 \times 4! = (5 \times 4) \times (4 \times 3 \times 2 \times 1) = 480$

04 (1) $_nP_2 = n(n-1)$이므로 $n(n-1) = 42 = 7 \times 6$
따라서 $n=7$
(2) $360 = 6 \times 5 \times 4 \times 3$이므로 $r=4$
(3) $_nP_n = n!$이고 $24 = 4 \times 3 \times 2 \times 1$이므로
$n! = 4 \times 3 \times 2 \times 1$에서 $n=4$
[다른 풀이] (1) $_nP_2 = 42$에서 $n(n-1) = 42$
$n^2 - n - 42 = 0$, $(n+6)(n-7) = 0$
이때 $n>0$이므로 $n=7$

05 (1) $_4C_0 = 1$
(2) $_8C_8 = 1$
(3) $_6C_3 = \dfrac{6 \times 5 \times 4}{3 \times 2 \times 1} = 20$
(4) $_{10}C_9 = _{10}C_{10-9} = _{10}C_1 = 10$

06 (1) $_nC_2 = 15$에서 $\dfrac{n(n-1)}{2 \times 1} = 15$
$n(n-1) = 30 = 6 \times 5$이므로 $n=6$

07 (1) 8명의 학생 중에서 대표 1명과 부대표 1명을 뽑는 경우이므로
$_8P_2 = 8 \times 7 = 56$
(2) 8명의 학생 중에서 3명을 뽑는 경우이므로
$_8C_3 = \dfrac{8 \times 7 \times 6}{3 \times 2 \times 1} = 56$
(3) $_5C_2 \times _3C_1 = \dfrac{5 \times 4}{2 \times 1} \times 3 = 30$

06 (2) $_nC_6 = _nC_{n-6} = _nC_4$이므로 $n-6=4$, $n=10$
(3) $_7C_r = _7C_{7-r} = _7C_{r-3}$에서 $7-r = r-3$
$2r = 10$, $r = 5$
[다른 풀이] (1) $_nC_2 = 15$에서 $\dfrac{n(n-1)}{2 \times 1} = 15$
$n(n-1) = 30$, $n^2 - n - 30 = 0$
$(n+5)(n-6) = 0$
이때 $n>0$이므로 $n=6$

STEP 2 내신등급 쑥쑥 올리기 68~77쪽

01 ①	02 ④	03 ⑤	04 ③	05 ④
06 ①	07 ②	08 ②	09 ④	10 ②
11 ⑤	12 ④	13 ③	14 ③	15 ④
16 ④	17 ⑤	18 ③	19 ③	20 해설 참조
21 ③	22 ①	23 ②	24 ③	25 ②
26 ④	27 ③	28 ③	29 ④	30 ⑤
31 해설 참조	32 ④	33 ⑤	34 ⑤	35 ①
36 ⑤	37 ①	38 해설 참조	39 ②	40 ③
41 ⑤	42 ②	43 ③	44 ②	45 ①
46 ④	47 ④	48 ⑤	49 ①	50 ③
51 ③	52 ④	53 ②	54 ④	55 ③
56 ③	57 ③	58 ⑤	59 해설 참조	

01 (i) 버스만을 이용하는 경우
$4+2=6$(가지)
(ii) 지하철을 이용하는 경우
$3+2=5$(가지)
따라서 (i), (ii)에 의해 구하는 경우의 수는
$6+5=11$

02 서로 다른 두 개의 주사위를 동시에 던졌을 때, 나오는 두 눈의 수를 순서쌍 (a, b)로 나타내면
(i) 두 눈의 수의 합이 4의 배수인 경우
$(1, 3)$, $(2, 2)$, $(3, 1)$, $(2, 6)$, $(3, 5)$, $(4, 4)$, $(5, 3)$, $(6, 2)$, $(6, 6)$의 9가지

(ii) 두 눈의 수의 합이 5 미만인 경우

$(1, 1)$, $(1, 2)$, $(1, 3)$, $(2, 1)$, $(2, 2)$, $(3, 1)$의 6가지

(iii) 두 눈의 수의 합이 4의 배수이면서 5 미만인 경우

$(1, 3)$, $(2, 2)$, $(3, 1)$의 3가지

따라서 (i), (ii), (iii)에 의해 구하는 경우의 수는

$9 + 6 - 3 = 12$

03 500원짜리 동전의 개수에 대한 100원짜리 동전의 개수를 각각 구하면 다음과 같다.

(i) 500원짜리 동전을 2개 사용하는 경우

100원짜리 동전을 0개, 1개, 2개 사용하는 경우의 3가지

(ii) 500원짜리 동전을 1개 사용하는 경우

100원짜리 동전을 0개, 1개, 2개, ⋯, 7개 사용하는 경우의 8가지

(iii) 500원짜리 동전을 사용하지 않는 경우

100원짜리 동전을 0개, 1개, 2개, ⋯, 12개 사용하는 경우의 13가지

따라서 (i), (ii), (iii)에 의해 구하는 경우의 수는

$3 + 8 + 13 = 24$

참고 500원짜리 동전과 100원짜리 동전의 개수가 정해지면 필요한 50원짜리 동전의 개수는 자동으로 정해진다. 또, 500원짜리 동전과 100원짜리 동전을 모두 사용하지 않아도 50원짜리 동전으로 1200원을 지불할 수 있다.

04 부등식 $2x + y \leq 8$에 대하여

(i) $x = 1$일 때, 부등식을 만족시키는 y의 값은

1, 2, 3, 4, 5, 6의 6개

(ii) $x = 2$일 때, 부등식을 만족시키는 y의 값은

1, 2, 3, 4의 4개

(iii) $x = 3$일 때, 부등식을 만족시키는 y의 값은

1, 2의 2개

따라서 (i), (ii), (iii)에 의해 구하는 순서쌍 (x, y)의 개수는

$6 + 4 + 2 = 12$

05 방정식 $x + 2y + 4z = 9$에 대하여

(i) $z = 0$일 때, $x + 2y = 9$이므로 순서쌍 (x, y)는

$(1, 4)$, $(3, 3)$, $(5, 2)$, $(7, 1)$, $(9, 0)$의 5개

(ii) $z = 1$일 때, $x + 2y = 5$이므로 순서쌍 (x, y)는

$(1, 2)$, $(3, 1)$, $(5, 0)$의 3개

(iii) $z = 2$일 때, $x + 2y = 1$이므로 순서쌍 (x, y)는

$(1, 0)$의 1개

따라서 (i), (ii), (iii)에 의해 구하는 순서쌍 (x, y, z)의 개수는

$5 + 3 + 1 = 9$

06 이차방정식 $3x^2 - 2ax + b = 0$의 판별식을 D라고 하면

$\dfrac{D}{4} = a^2 - 3b \geq 0$, $a^2 \geq 3b$

(i) $b = 1$일 때, a의 값은 2, 3, 4, 5, 6의 5가지

(ii) $b = 2$일 때, a의 값은 3, 4, 5, 6의 4가지

(iii) $b = 3$일 때, a의 값은 3, 4, 5, 6의 4가지

(iv) $b = 4$일 때, a의 값은 4, 5, 6의 3가지

(v) $b = 5$일 때, a의 값은 4, 5, 6의 3가지

(vi) $b = 6$일 때, a의 값은 5, 6의 2가지

따라서 (i)~(vi)에 의해 구하는 경우의 수는

$5 + 4 + 4 + 3 + 3 + 2 = 21$

07 꼭짓점 A에서 꼭짓점 C까지 가는 경우는

A $\longrightarrow$ B $\longrightarrow$ C

A $\longrightarrow$ B $\longrightarrow$ D $\longrightarrow$ C

A $\longrightarrow$ C

A $\longrightarrow$ D $\longrightarrow$ C

A $\longrightarrow$ D $\longrightarrow$ B $\longrightarrow$ C

의 5가지이다.

08 네 명의 수험생을 각각 A, B, C, D라 하고, 이들의 수험표를 각각 a, b, c, d라고 하면 4명 모두 다른 사람의 수험표를 받는 경우는

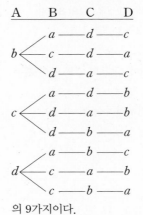

의 9가지이다.

09 백의 자리 숫자를 A, 십의 자리 숫자를 B, 일의 자리 C라고 하면

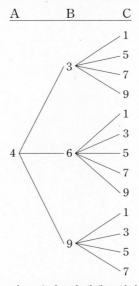

이고, A가 8일 때에도 위의 경우의 수와 같으므로 구하는 경우의 수는

$13 + 13 = 26$

10 모자를 선택하는 방법의 수는 4이고, 그 각각에 대하여 가방을 선택하는 방법의 수가 2이므로 구하는 방법의 수는

$4 \times 2 = 8$

11 $(a+b)(v+w)$를 전개할 때 생기는 항의 개수는 $2 \times 2 = 4$
$(c+d+e)(x+y+z)$를 전개할 때 생기는 항의 개수는
$3 \times 3 = 9$
따라서 구하는 항의 개수는 $4 + 9 = 13$

12 두 숫자의 곱이 홀수이려면 두 숫자 모두 홀수이어야 하므로 구하는 경우의 수는

$5 \times 5 = 25$

13 세 수의 합이 짝수가 되려면 세 수가 각각 (짝, 짝, 짝),
(짝, 홀, 홀), (홀, 짝, 홀), (홀, 홀, 짝)이어야 한다.
(i) (짝, 짝, 짝)인 경우: $1 \times 2 \times 2 = 4$(가지)
(ii) (짝, 홀, 홀)인 경우: $1 \times 2 \times 3 = 6$(가지)
(iii) (홀, 짝, 홀)인 경우: $2 \times 2 \times 3 = 12$(가지)
(iv) (홀, 홀, 짝)인 경우: $2 \times 2 \times 2 = 8$(가지)
따라서 (i)~(iv)에 의해 구하는 경우의 수는
$4 + 6 + 12 + 8 = 30$

14 서로 다른 세 개의 주사위를 동시에 던질 때, 나오는 모든 경우의 수는
$6 \times 6 \times 6 = 216$
세 눈의 수의 곱이 짝수가 되는 경우의 수는 전체 경우의 수에서 세 눈의 수의 곱이 홀수가 되는 경우의 수를 빼면 된다.
세 눈의 수의 곱이 홀수가 되는 경우는 세 수 모두 홀수일 때이므로 경우의 수는
$3 \times 3 \times 3 = 27$
따라서 구하는 경우의 수는
$216 - 27 = 189$

15 ㄱ. $540 = 2^2 \times 3^3 \times 5$이므로 약수의 개수는
$(2+1) \times (3+1) \times (1+1) = 24$ (거짓)
ㄴ. $2^2 \times 3^3 \times 5$에서 5의 배수인 약수는 $2^2 \times 3^3$의 약수에 5를 곱하면 되므로 그 개수는
$(2+1) \times (3+1) = 12$ (참)
ㄷ. $540 = 2^2 \times 3^3 \times 5$, $252 = 2^2 \times 3^2 \times 7$의 최대공약수는 $2^2 \times 3^2$이므로 공약수의 개수는
$(2+1) \times (2+1) = 9$ (참)
따라서 옳은 것은 ㄴ, ㄷ이다.

참고 자연수 $N = a^l \times b^m \times c^n$ (a, b, c는 서로 다른 소수)에 대하여
① N의 약수의 개수
$(l+1)(m+1)(n+1)$
② N의 약수의 총합
$(1+a+a^2+ \cdots +a^l)(1+b+b^2+ \cdots +b^m)(1+c+c^2+ \cdots +c^n)$

16 (i) 집 ⟶ 학교 ⟶ 도서관 ⟶ 집: $3 \times 2 \times 3 = 18$(가지)
(ii) 집 ⟶ 도서관 ⟶ 학교 ⟶ 집: $3 \times 2 \times 3 = 18$(가지)
따라서 (i), (ii)에 의해 구하는 경우의 수는
$18 + 18 = 36$

17 A에서 E로 가는 경우는
(i) A ⟶ B ⟶ E: $3 \times 3 = 9$(가지)
(ii) A ⟶ D ⟶ E: $2 \times 2 = 4$(가지)
(iii) A ⟶ C ⟶ B ⟶ E: $2 \times 2 \times 3 = 12$(가지)
(iv) A ⟶ C ⟶ D ⟶ E: $2 \times 3 \times 2 = 12$(가지)
(v) A ⟶ B ⟶ C ⟶ D ⟶ E: $3 \times 2 \times 3 \times 2 = 36$(가지)
(vi) A ⟶ D ⟶ C ⟶ B ⟶ E: $2 \times 3 \times 2 \times 3 = 36$(가지)
따라서 (i)~(vi)에 의해 구하는 경우의 수는
$9 + 4 + 12 + 12 + 36 + 36 = 109$

18 (i) 집 ⟶ 놀이터 ⟶ 학원: $3 \times n$ 가지
(ii) 학원 ⟶ 놀이터 ⟶ 집: $(n-1) \times 2$ 가지
왕복하는 경우의 수가 120이므로
$3 \times n \times (n-1) \times 2 = 120$, $n(n-1) = 20$
$n^2 - n - 20 = 0$, $(n+4)(n-5) = 0$, $n = -4$ 또는 $n = 5$
그런데 $n > 0$이므로 $n = 5$

19 A에 칠할 수 있은 색은 4가지,
D에 칠할 수 있는 색은 A에 칠한 색을 제외한 3가지,
B에 칠할 수 있는 색은 A, D에 칠한 색을 제외한 2가지,
C에 칠할 수 있는 색은 B, D에 칠한 색을 제외한 2가지이다.
따라서 구하는 방법의 수는 $4 \times 3 \times 2 \times 2 = 48$

20 ㉮ (i) B, D에 같은 색을 칠하는 경우
A에 칠할 수 있는 색은 4가지,
B, D에 칠할 수 있는 색은 A에 칠한 색을 제외한 3가지,
C에 칠할 수 있는 색은 B, D에 칠한 색을 제외한 3가지이므로 $4 \times 3 \times 3 = 36$(가지)
㉯ (ii) B, D에 서로 다른 색을 칠하는 경우
A에 칠할 수 있는 색은 4가지,
B에 칠할 수 있는 색은 A에 칠한 색을 제외한 3가지,
D에 칠할 수 있는 색은 A, B에 칠한 색을 제외한 2가지,
C에 칠할 수 있는 색은 B, D에 칠한 색을 제외한 2가지이므로 $4 \times 3 \times 2 \times 2 = 48$(가지)
㉰ 따라서 (i), (ii)에 의해 구하는 경우의 수는
$36 + 48 = 84$

단계	채점 기준	배점 비율
㉮	B, D에 같은 색을 칠하는 경우에 칠하는 방법의 수 구하기	40%
㉯	B, D에 다른 색을 칠하는 경우에 칠하는 방법의 수 구하기	40%
㉰	색을 칠하는 방법의 수 구하기	20%

21 500원짜리 2개로 지불하는 금액과 1000원짜리 1장으로 지불하는 금액은 같으므로 1000원짜리 4장을 500원짜리 8개로 바꾸면 지불할 수 있는 금액의 수는 500원짜리 동전 11개와 100원짜리 동전 2개로 지불하는 방법의 수와 같다.
이때 500원짜리 동전 11개로 지불하는 방법은 12가지이고,
100원짜리 동전 2개로 지불하는 방법은 3가지이다.
따라서 0원을 지불하는 경우는 제외하므로 구하는 방법의 수는
$12 \times 3 - 1 = 35$

22 1000원짜리 지폐 2장을 500원짜리 동전 4개로 바꾸어 지불할 수 있는 금액의 수를 생각하면 된다.
(i) 지불 방법의 수
1000원짜리 지폐로 지불하는 방법은 3가지,
500원짜리 동전으로 지불하는 방법은 5가지,
100원짜리 동전으로 지불하는 방법은 4가지이므로
$a = 3 \times 5 \times 4 - 1 = 59$
(ii) 지불 금액의 수
500원짜리 동전 2개로 지불하는 금액과 1000원짜리 지폐 1장으로 지불하는 금액은 같으므로 1000원짜리 지폐 2장을 500원짜리 동전 4개로 바꾸면 지불할 수 있는 금액의 수는 500원짜리 동전 8개와 100원짜리 동전 3개로 지불하는 방법의 수와 같다.
이때 500원짜리 동전으로 지불하는 방법은 9가지,
100원짜리 동전으로 지불하는 방법은 4가지이고, 0원을 지불하는 경우는 제외하므로
$b = 9 \times 4 - 1 = 35$
따라서 $a - b = 59 - 35 = 24$

23 $_nP_4 : _nP_2 = 6 : 1$에서 $_nP_4 = 6 \times _nP_2$
$n(n-1)(n-2)(n-3) = 6n(n-1)$
$_nP_4$에서 $n \geq 4$이므로 양변을 $n(n-1)$로 나누면
$(n-2)(n-3) = 6$, $n^2 - 5n = 0$
$n(n-5) = 0$, $n = 0$ 또는 $n = 5$
그런데 $n \geq 4$이므로 $n = 5$

24 $_{n+2}P_3 - _{n+1}P_2 = 81_nP_1$에서
$(n+2)(n+1)n - (n+1)n = 81n$
양변을 n으로 나누고 정리하면
$n^2 + 2n - 80 = 0$, $(n+10)(n-8) = 0$
$n = -10$ 또는 $n = 8$
그런데 n은 자연수이므로 $n = 8$

25 n명의 학생 중에서 2명을 택하는 순열의 수가 156이므로
$_nP_2 = 156$, $n(n-1) = 156$
$n^2 - n - 156 = 0$, $(n+12)(n-13) = 0$
$n = -12$ 또는 $n = 13$
그런데 $n > 0$이므로 $n = 12$

26 9명 중에서 주장과 부주장을 뽑는 경우의 수는
$_9P_2 = 9 \times 8 = 72$

27 정운이가 1등을 하는 경우의 수는 정운이를 제외한 3명의 학생을 2, 3, 4등에 일렬로 세우는 경우의 수와 같다.
따라서 구하는 경우의 수는
$3! = 3 \times 2 \times 1 = 6$

28 F와 D를 한 문자로 생각하여 5개의 문자를 일렬로 나열하는 경우의 수는 $5! = 120$
이때 F와 D가 서로 자리를 바꾸는 경우의 수는 $2! = 2$
따라서 구하는 경우의 수는
$120 \times 2 = 240$

29 수학책 3권을 한 묶음으로, 역사책 4권을 한 묶음으로 생각하여 4권을 일렬로 나열하는 방법의 수는 $4! = 24$
수학책끼리 자리를 바꾸는 방법의 수는 $3! = 6$
역사책끼리 자리를 바꾸는 방법의 수는 $4! = 24$
따라서 구하는 방법의 수는
$24 \times 6 \times 24 = 3456$

30 □남□남□남□남□
남학생 5명을 한 줄로 세우는 경우의 수는 $5! = 120$
남학생들 사이사이와 양 끝의 6개의 자리 중 3개의 자리에 여학생을 세우는 경우의 수는 $_6P_3 = 120$
따라서 구하는 경우의 수는
$120 \times 120 = 14400$

31 ㉮ D, E, F를 일렬로 나열하는 방법의 수는 $3! = 6$
㉯ 이 세 개의 문자의 사이사이와 양 끝의 4개의 자리에 A, B, C를 나열하는 방법의 수는 $_4P_3 = 24$
㉰ 따라서 구하는 방법의 수는
$6 \times 24 = 144$

단계	채점 기준	배점 비율
㉮	D, E, F를 일렬로 나열하는 방법의 수 구하기	30%
㉯	㉮에서 세운 문자의 사이사이와 양 끝의 4개의 자리에 A, B, C를 나열하는 방법의 수 구하기	40%
㉰	구하는 방법의 수 구하기	30%

32 남자와 여자가 교대로 서는 경우는
(남, 여, 남, 여, 남, 여), (여, 남, 여, 남, 여, 남)의 2가지이다.
남자 3명을 한 줄로 세우는 경우의 수는 $3! = 6$
여자 3명을 한 줄로 세우는 경우의 수는 $3! = 6$
따라서 구하는 경우의 수는
$2 \times 6 \times 6 = 72$

33 홀수 번호가 적힌 3개의 의자 중 2개의 의자를 택하여 아버지, 어머니가 앉는 경우의 수는

$_3P_2=6$

나머지 3개의 의자에 할머니, 아들, 딸이 앉는 경우의 수는

$3!=6$

따라서 구하는 경우의 수는 $6\times6=36$

34 H와 S 사이에 들어갈 3개의 문자를 나열하는 경우의 수는

$_6P_3=120$

H와 S의 자리를 바꾸는 경우의 수는 $2!=2$

H□□□S를 한 문자로 생각하여 총 4개의 문자를 일렬로 나열하는 경우의 수는 $4!=24$

따라서 구하는 경우의 수는

$120\times2\times24=5760$

35 남자 3명과 여자 3명이 한 줄로 서는 경우의 수는 $6!=720$

양 끝에 남자가 서는 경우의 수는 $_3P_2\times4!=144$

따라서 적어도 한 쪽 끝에 여자가 서는 경우는 수는

$720-144=576$

36 A, B, C, D, E, F의 6개의 문자를 일렬로 나열하는 방법의 수는

$6!=720$

A, B, C 중에서 어느 2개도 이웃하지 않도록 나열하는 방법의 수는 D, E, F를 일렬로 나열하고 그 사이사이와 양 끝의 4개의 자리에 A, B, C를 나열하는 방법의 수와 같으므로

$3!\times_4P_3=6\times24=144$

따라서 구하는 방법의 수는

$720-144=576$

37 천의 자리에 올 수 있는 숫자는 1, 2, 3, 4, 5의 5가지

0을 포함한 남은 5개의 숫자에서 3개를 뽑아 백의 자리, 십의 자리, 일의 자리에 나열하는 방법의 수는

$_5P_3=60$

따라서 구하는 자연수의 개수는

$5\times60=300$

38 ㉮ 5의 배수는 일의 자리 숫자가 0 또는 5이므로

(i) 일의 자리 숫자가 0인 경우

나머지 6개의 숫자 중에서 2개를 택하여 백의 자리와 십의 자리에 나열하는 경우의 수는 $_6P_2=30$

㉯ (ii) 일의 자리 숫자가 5인 경우

백의 자리에 올 수 있는 숫자는 0과 5를 제외한 5가지이고, 십의 자리에 올 수 있는 숫자는 5와 백의 자리 숫자를 제외한 5가지이므로 $5\times5=25$

㉰ 따라서 구하는 개수는

$30+25=55$

단계	채점 기준	배점 비율
㉮	일의 자리 숫자가 0인 경우의 수 구하기	40%
㉯	일의 자리 숫자가 5인 경우의 수 구하기	40%
㉰	5의 배수의 개수 구하기	20%

39 34□□□ 꼴인 자연수의 개수는 $3!=6$

35□□□ 꼴인 자연수의 개수는 $3!=6$

4□□□□ 꼴인 자연수의 개수는 $4!=24$

5□□□□ 꼴인 자연수의 개수는 $4!=24$

따라서 34000보다 큰 자연수의 개수는

$6+6+24+24=60$

40 A□□□□ 꼴의 단어의 개수는 $4!=24$

B□□□□ 꼴의 단어의 개수는 $4!=24$

C□□□□ 꼴의 단어의 개수는 $4!=24$

D□□□□ 꼴의 단어의 개수는 $4!=24$

EABCD: 97번째, EABDC: 98번째

따라서 98번째 단어의 마지막 문자는 C이다.

41 $f(a)\neq b$이므로 $f(a)$의 값이 될 수 있는 것은 a, c, d, e의 4개

그 각각에 대하여 일대일대응인 f의 개수는 $4!=24$

따라서 구하는 함수 f의 개수는

$4\times24=96$

[다른 풀이] 일대일대응인 함수 f의 개수는 $5!=120$

이때 $f(a)=b$이고 일대일대응인 함수 f의 개수는 $4!=24$

따라서 구하는 함수 f의 개수는

$120-24=96$

42 $_{n+2}C_n-_{n+1}C_{n-1}=9$에서

$$\frac{(n+2)!}{n!2!}-\frac{(n+1)!}{(n-1)!2!}=9$$

$$\frac{(n+2)(n+1)-(n+1)n}{2!}=9$$

$$\frac{2(n+1)}{2}=9, \ n+1=9$$

따라서 $n=8$

[다른 풀이] $_{n+2}C_n=_{n+2}C_{n+2-n}=_{n+2}C_2$, $_{n+1}C_{n-1}=_{n+1}C_{n+1-(n-1)}=_{n+1}C_2$

이므로

$_{n+2}C_n-_{n+1}C_{n-1}=_{n+2}C_2-_{n+1}C_2$

$$=\frac{(n+2)(n+1)}{2!}-\frac{(n+1)n}{2!}$$

$$=\frac{2(n+1)}{2}=n+1$$

따라서 $n+1=9$이므로 $n=8$

43 $_{15}C_{r+2}=_{15}C_{2r-5}$에서

$r+2=2r-5$ 또는 $15-(r+2)=2r-5$

정답 및 해설

(i) $r+2=2r-5$일 때

$r=7$

(ii) $15-(r+2)=2r-5$일 때

$13-r=2r-5$, $3r=18$, $r=6$

따라서 모든 자연수 r의 값의 합은

$7+6=13$

44 $_{n-1}C_r+_{n-1}C_{r-1}$

$=\dfrac{(n-1)!}{r!\{(n-1)-r\}!}+\dfrac{(n-1)!}{(r-1)!\{(n-1)-(r-1)\}!}$

$=\dfrac{(n-1)!}{r!(n-r-1)!}+\dfrac{(n-1)!}{(r-1)!(n-r)!}$

$=\dfrac{\boxed{(n-r)}\times(n-1)!}{r!(n-r)!}+\dfrac{\boxed{r}\times(n-1)!}{r!(n-r)!}$

$=\dfrac{\{(n-r)+r\}\times(n-1)!}{r!(n-r)!}$

$=\dfrac{\boxed{n}\times(n-1)!}{r!(n-r)!}$

$=\dfrac{n!}{r!(n-r)!}=_nC_r$

따라서 ㈎ $n-r$, ㈑ r, ㈒ n이므로 이들의 합은

$(n-r)+r+n=2n$

45 20명이 꼭 한 번씩 악수하는 횟수는

$_{20}C_2=\dfrac{20\times19}{2\times1}=190$

46 8개의 팀이 다른 7개의 팀과 한 경기씩 치르는 경우의 수는

$_8C_2=\dfrac{8\times7}{2\times1}=28$

따라서 4경기씩 치를 때, 구하는 경우의 수는

$4\times28=112$

47 딸기, 키위, 메론을 포함하므로

$_{14-3}C_{6-3}=_{11}C_3=\dfrac{11\times10\times9}{3\times2\times1}=165$

48 서로 다른 맛의 사탕 6개 중 3개를 택하는 경우의 수는

$_6C_3=20$

서로 다른 맛의 아이스크림 5개 중 2개를 택하는 경우의 수는

$_5C_2=10$

서로 다른 맛의 초콜릿 4개 중 1개를 택하는 경우의 수는

$_4C_1=4$

따라서 구하는 경우의 수는

$20\times10\times4=800$

49 5를 반드시 포함하고 1은 포함하지 않도록 세 개의 숫자를 택하는 경우의 수는

$_{5-1-1}C_{3-1}=_3C_2=3$

따라서 구하는 세 자리 자연수의 개수는

$3\times3!=18$

50 전체 10개의 공 중에서 3개를 뽑는 방법의 수는 $_{10}C_3=120$

1, 2, 3이 적힌 공을 제외한 나머지 7개의 공 중에서 3개를 뽑는 방법의 수는 $_7C_3=35$

따라서 구하는 경우의 수는

$120-35=85$

51 여학생 6명과 남학생 3명 중에서 대회에 참가할 학생 3명을 뽑는 방법의 수는 $_9C_3=84$

여학생 3명만 뽑는 방법의 수는 $_6C_3=20$

남학생 3명만 뽑는 방법의 수는 $_3C_3=1$

따라서 구하는 방법의 수는

$84-(20+1)=63$

52 여자 4명 중에서 2명을 뽑는 방법의 수는 $_4C_2=6$

남자 6명 중에서 3명을 뽑는 방법의 수는 $_6C_3=20$

5명을 일렬로 세우는 방법의 수는 $5!=120$

따라서 구하는 방법의 수는

$6\times20\times120=14400$

53 홀수 1, 3, 5, 7의 네 숫자 중에서 세 숫자를 택하는 방법의 수는

$_4C_3=4$

짝수 2, 4, 6의 세 숫자 중에서 한 숫자를 택하는 방법의 수는 $_3C_1=3$

이때 홀수 3개와 짝수 1개를 일렬로 나열하는 방법의 수는 $4!=24$

따라서 구하는 비밀번호의 개수는

$4\times3\times24=288$

54 운전석에 아버지나 어머니가 앉는 방법의 수는 $_2C_1=2$

보조석에 앉는 방법의 수는 할머니와 운전석에 앉은 사람을 제외한

$_3C_1=3$

나머지 3명이 3개의 뒷 좌석에 앉는 방법의 수는 $3!=6$

따라서 구하는 방법의 수는

$2\times3\times6=36$

55 집합 A의 원소 6개 중에서 3개를 뽑아 크기 순서대로 $f(0)$, $f(1)$, $f(2)$에 각각 대응시키는 경우의 수는 $_6C_3=20$

나머지 3개의 수를 $f(3)$, $f(4)$, $f(5)$에 대응시키는 경우의 수는

$3!=6$

따라서 구하는 일대일함수의 개수는

$20\times6=120$

56 3개의 평행선에서 2개, 5개의 평행선에서 2개를 택하면 한 개의 평행사변형이 만들어지므로 구하는 평행사변형의 개수는

$_3C_2 \times _5C_2 = 3 \times 10 = 30$

57 10개의 점 중에서 3개를 택하는 경우의 수는 $_{10}C_3 = 120$
한 직선 위에 있는 점 중에서 3개를 택하는 경우의 수는
$2 \times _4C_3 + _5C_3 = 18$
따라서 구하는 삼각형의 개수는
$120 - 18 = 102$

58 9개의 점 중 3개를 택하는 경우의 수는 $_9C_3 = 84$
한 직선 위에 있는 점 중 3개를 택하는 경우의 수는 $8 \times _3C_3 = 8$
따라서 구하는 삼각형의 개수는
$84 - 8 = 76$

59 ㉮ 12개의 점 중에서 2개를 택하는 경우의 수는 $_{12}C_2 = 66$
   ㉯ (i) 가로 방향으로 일직선 위에 있는 3개의 점 중에서 2개를 택하는 경우의 수는 $4 \times _3C_2 = 12$
      즉, 가로 방향으로 중복되는 직선의 개수는 $12 - 4 = 8$
   ㉰ (ii) 세로 방향으로 일직선 위에 있는 4개의 점 중에서 2개를 택하는 경우의 수는 $3 \times _4C_2 = 18$
      즉, 세로 방향으로 중복되는 직선의 개수는 $18 - 3 = 15$
   ㉱ (iii) 대각선 방향으로 일직선 위에 있는 3개의 점 중에서 2개를 택하는 경우의 수는 $4 \times _3C_2 = 12$
      즉, 대각선 방향으로 중복되는 직선의 개수는 $12 - 4 = 8$
   ㉲ 따라서 (i), (ii), (iii)에 의해 구하는 직선의 개수는
      $66 - 8 - 15 - 8 = 35$

단계	채점 기준	배점 비율
㉮	12개의 점으로 만들 수 있는 직선의 개수 구하기	20%
㉯	가로 방향으로 중복되는 직선의 개수 구하기	20%
㉰	세로 방향으로 중복되는 직선의 개수 구하기	20%
㉱	대각선 방향으로 중복되는 직선의 개수 구하기	20%
㉲	서로 다른 직선의 개수 구하기	20%

STEP 3 내신 100점 잡기 78~79쪽

60 ④	**61** 해설 참조	**62** ①	**63** ③	**64** ③
65 ③	**66** ⑤	**67** ②	**68** ④	

60 A지점을 출발하여 F지점에 도착하는 방법을 수형도에 나타내면 다음 그림과 같다.

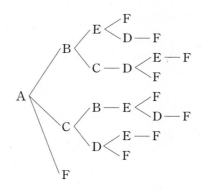

따라서 구하는 방법의 수는 9이다.

61 ㉮ 7장의 카드 중에서 3장의 카드를 한 장씩 뽑는 모든 경우의 수는 뽑은 카드는 다시 집어 넣으므로
   $7 \times 7 \times 7 = 343$
   ㉯ 이때 $(a-b)(b-c)(c-a) \neq 0$, 즉 $a \neq b$, $b \neq c$, $c \neq a$인 경우의 수는 차례로 뽑은 카드의 수가 모두 달라야 하므로
   $7 \times 6 \times 5 = 210$
   ㉰ 따라서 구하는 경우의 수는
   $343 - 210 = 133$

단계	채점 기준	배점 비율
㉮	7장의 카드 중에서 3장의 카드를 한 장씩 뽑는 경우의 수 구하기	30%
㉯	$(a-b)(b-c)(c-a) \neq 0$인 경우의 수 구하기	40%
㉰	$(a-b)(b-c)(c-a) = 0$을 만족시키는 경우의 수 구하기	30%

62 P에서 Q로 전류가 흐르는 경우는
(i) c가 닫힌 경우
   a, b, c, d의 스위치에 대하여 각각 닫히거나 열리는 2가지의 경우가 있으므로 $2^4 = 16$(가지)
(ii) c가 열린 경우
   a, b가 둘다 닫힌 경우: $2^2 = 4$(가지) (d, e가 각각 닫히거나 열림)
   d, e가 둘다 닫힌 경우: $2^2 = 4$(가지) (a, b가 각각 닫히거나 열림)
   이때 a, b, d, e가 모두 닫힌 경우는 중복이 되므로
   $4 + 4 - 1 = 7$(가지)
따라서 (i), (ii)에 의해 구하는 경우의 수는
$16 + 7 = 23$

63 (i) 어머니와 아버지가 앞 줄의 붙은 좌석에 앉는 방법의 수는
   $2! \times 3! = 12$
(ii) 어머니와 아버지가 뒷 줄의 붙은 좌석에 앉는 방법의 수는
   $2! \times 3! = 12$
따라서 (i), (ii)에 의해 구하는 방법의 수는
$12 + 12 = 24$

64 서로 다른 한 자리 자연수 6개를 일렬로 나열하는 방법의 수는
$6!=720$
서로 다른 한 자리 자연수 6개 중에서 짝수의 개수를 n이라고 하면 양 끝에 모두 짝수가 오도록 나열하는 방법의 수는
$_nP_2 \times 4! = _nP_2 \times 24$
이때 적어도 한쪽 끝에 홀수가 오도록 나열하는 방법의 수가 576이므로
$720 - _nP_2 \times 24 = 576$, $_nP_2 \times 24 = 144$, $_nP_2 = 6$
$n(n-1) = 6$, $n^2 - n - 6 = 0$
$(n+2)(n-3) = 0$, $n = 3 (n > 0)$
따라서 짝수의 개수가 3이므로 홀수의 개수는
$6 - 3 = 3$

65 $_nC_1x^2 + 2_nC_1x + _nC_3 = 0$에서
$nx^2 + 2nx + \dfrac{n(n-1)(n-2)}{6} = 0$
양변을 n으로 나누면 $x^2 + 2x + \dfrac{(n-1)(n-2)}{6} = 0$
이차방정식의 두 근이 α, β이므로 근과 계수의 관계에서
$\alpha\beta = \dfrac{(n-1)(n-2)}{6} = 5$
$(n-1)(n-2) = 30$, $n^2 - 3n - 28 = 0$
$(n+4)(n-7) = 0$
이때 n은 자연수이므로 $n = 7$

66 A가 실내에서 자는 경우의 수는 $_5C_2 = 10$
A가 아침을 굶게 될 경우의 수는 $_5C_3 = 10$
따라서 구하는 경우의 수는
$10 \times 10 = 100$

67 $f(1)$, $f(2)$의 값은 9보다 큰 수이고, $f(1) > f(2)$이므로
$f(1) = 13$, $f(2) = 11$이다.
$f(4)$, $f(5)$의 값은 9보다 작은 수이고 $f(4) > f(5)$이므로 9보다 작은 원소 1, 3, 5, 7의 4개 중 2개를 택하여 크기 순서대로 대응시키면 되므로 구하는 함수의 개수는
$_4C_2 = 6$

68 8개의 직선 중에서 3개의 직선을 택하는 경우의 수는
$_8C_3 = 56$
이때 임의의 3개의 직선을 선택하였을 때, 한 점에서 만나는 경우는 없으므로 3개의 직선 중 평행선이 2개이거나 평행선이 3개이면 삼각형이 만들어지지 않는다.
(i) 평행한 세 개의 직선 중 2개와 나머지 5개의 직선 중 1개를 택하는 경우의 수
$_3C_2 \times _5C_1 = 15$
(ii) 평행한 세 개의 직선을 택하는 경우의 수
$_3C_3 = 1$
따라서 구하는 삼각형의 개수는 $56 - 15 - 1 = 40$

STEP 3 내신 최고 문제   79쪽

69 30	**70** 528

69 A, B, C를 첫 번째 가로줄의 각 칸에 한 문자씩 배열하는 경우의 수는 $3! = 6$
첫 번째 가로줄을 A, B, C의 순서대로 고정시킬 때, 같은 알파벳 대문자, 소문자가 배열된 세로줄의 수가 0이 되는 경우와 1이 되는 경우로 나누면 다음과 같다.
(i) 같은 알파벳 대문자, 소문자가 배열된 세로줄의 수가 0이 되는 경우
두 번째 가로줄이 b, c, a 또는 c, a, b의 순서대로 배열되어야 하므로 경우의 수는 2이다.
(ii) 같은 알파벳 대문자, 소문자가 배열된 세로줄의 수가 1이 되는 경우
두 번째 가로줄이 a, c, b 또는 c, b, a 또는 b, a, c의 순서대로 배열되어야 하므로 경우의 수는 3이다.
(i), (ii)에서 경우의 수는 $2 + 3 = 5$
따라서 구하는 표의 개수는 $6 \times 5 = 30$

70 (i) 2층 또는 3층 중 한 층의 사물함만을 여학생에게 배정하는 경우
2층의 두 사물함을 여학생 2명에게 배정하는 경우의 수는
$2!$
나머지 사물함을 남학생 3명에게 배정하는 경우의 수는
$_5P_3$
2층의 사물함만을 여학생에게 배정하는 경우의 수는
$2! \times _5P_3 = 120$
같은 방법으로 3층의 사물함만을 여학생에게 배정하는 경우의 수도
$2! \times _5P_3 = 120$
즉, 경우의 수는
$120 + 120 = 240$
(ii) 1층의 사물함만을 여학생에게 배정하는 경우
1층의 사물함을 여학생 2명에게 배정하는 경우의 수는
$_3P_2$
1층의 사물함을 남학생에게 배정할 수는 없으므로 나머지 2층, 3층의 사물함을 남학생에게 배정해야 하고, 그 경우의 수는
$_4P_3$
즉, 경우의 수는
$_3P_2 \times _4P_3 = 144$
(iii) 2층, 3층의 사물함을 각각 1개씩 여학생에게 배정하는 경우
2층과 3층의 사물함을 각각 1개씩 여학생에게 배정하는 경우의 수는
$_2C_1 \times _2C_1 \times 2!$
2층과 3층의 사물함을 남학생에게 배정할 수는 없으므로 1층의 사물함만을 남학생에게 배정해야 하고, 그 경우의 수는
$3!$
즉, 경우의 수는
$(_2C_1 \times _2C_1 \times 2!) \times 3! = 48$

(ⅳ) 1층의 사물함을 한 여학생에게 배정하고, 2층 또는 3층의 사물함을 다른 여학생에게 배정하는 경우
1층의 가운데에 있는 사물함을 여학생에게 배정하면 남학생에게 배정할 수 있는 사물함은 2개뿐이므로 1층의 사물함 중 가운데 사물함을 제외한 2개의 사물함 중에서 한 사물함을 여학생에게 배정해야 한다.
1층의 사물함을 한 여학생에게 배정하고, 2층 또는 3층의 사물함을 다른 여학생에게 배정하는 경우의 수는

$_2C_1 \times _4C_1 \times 2!$
나머지 사물함을 남학생 3명에게 배정하는 경우의 수는
$3!$
즉, 경우의 수는
$(_2C_1 \times _4C_1 \times 2!) \times 3! = 96$
따라서 (ⅰ)~(ⅳ)에 의해 구하는 경우의 수는
$240 + 144 + 48 + 96 = 528$

MEMO

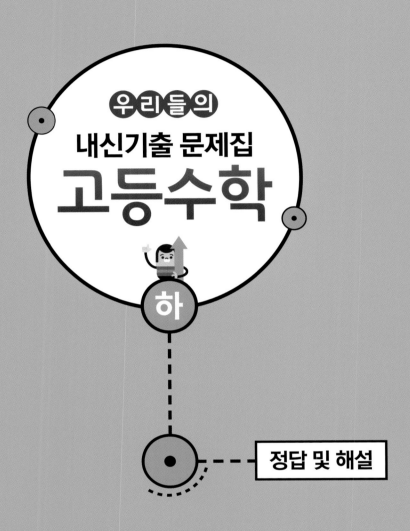

우리들의
내신기출 문제집
고등수학
하

정답 및 해설